공감각

공감각

1판 1쇄 발행 2019. 8. 12.
1판 2쇄 발행 2024. 6. 1.

지은이 리처드 사이토윅
옮긴이 조은영 | 해제 김채연

발행인 박강휘
편집 이승환 디자인 유상현 마케팅 정희윤 홍보 박은경
발행처 김영사
등록 1979년 5월 17일(제406-2003-036호)
주소 경기도 파주시 문발로 197(문발동) 우편번호 10881
전화 마케팅부 031)955-3100, 편집부 031)955-3200 | 팩스 031)955-3111

값은 뒤표지에 있습니다.
ISBN 978-89-349-9789-4 04400
     978-89-349-9788-7 (세트)

홈페이지 www.gimmyoung.com   블로그 blog.naver.com/gybook
인스타그램 instagram.com/gimmyoung   이메일 bestbook@gimmyoung.com

좋은 독자가 좋은 책을 만듭니다.
김영사는 독자 여러분의 의견에 항상 귀 기울이고 있습니다.

○

Deep & Basic 1

리처드 사이토윅 ── 조은영 옮김 ── 김채연 해제

Synesthesia 공감각

Richard Cytowic

뇌에서 일어나는 놀라운
감각 결합의 세계

김영사

어머니 마거릿을 기리며
1925년 11월 11일~2017년 8월 25일

일러두기
권말의 '용어설명'에 있는 말들은 본문에서 고딕체로 표기하였다.

○

차례

들어가는 말

공감각 연구를 살펴보면 통념의 맹목적 수용, 집단사고groupthink에 따르는 지적 비용을 경계하게 된다. 여타 분야와 마찬가지로 과학에도 유행이 있고, 모두가 지배적인 도그마에 보조를 맞추는 시기가 있다. 그러나 기존 통념이 무너지고 새로운 패러다임이 학계를 장악하는 전환점이 온다. 이 현상이 바로 공감각 분야에서 일어났다.

서로 다른 지각perception(감각기관을 통해 외적 대상을 인식하는 작용 - 옮긴이)의 결합이라는, 어릴 때 처음 나타나는 신경학적 특성은 지금은 대단히 인기 있는 주제가 되었지만, 몇십 년 전만 해도 사이비 과학으로 가차없이 묵살당했다. 과학계는 감각이 교차하는 경험을 했다고 주장하는 사람들을 이렇게 비웃었다.

• 정신 나간, 관심 받고 싶어 안달난, 툭하면 환상에 빠지는.

- 어린 시절 색칠놀이 책이나 냉장고에 붙이는 알파벳 자석에서 연상된 '단순한 기억'에 불과함(그래서 'A'를 빨간색, 'D'를 초록색이라고 '상상한다').

- '따뜻한' 색, '시끄러운' 색, '톡 쏘는 듯한' 치즈, '쓰디쓴' 추위라는 표현과 크게 다르지 않은 은유.

- 그것도 아니면, 약물의 잔류효과로 맛이 간 마약쟁이.

마침내, 당연히, 세상의 태도는 변했다. 새로운 패러다임이 지배하면서 이제 공감각은 지난 세기가 바뀌던 시기에 그랬던 것처럼 다시 한 번 중요한 연구 주제가 되었다. 1970년대 말, 내가 공감각 연구를 시작하고 얼마 안 있어 공감각자들이 생각보다 많다는 뉴스가 대중매체를 통해 퍼지기 시작했다. 사람들은 내게 편지나 전화로, "당신이 제 목숨을 구했습니다", "제가 느끼는 이걸 부르는 명칭이 있는지도 몰랐어요. 세상에서 제가 유일한 줄 알았거든요"라고 말했다. 평생 '말을 지어낸다'는 비난을 견뎌온 끝에 누군가 자신을 믿어주었을 때 느끼는 놀라움과 안도감은 카타르시스적인, 심지어 눈물이 핑 도는 경험이다. 왜 그렇지 않겠는가? 타인의 무지에 맞서 이들을 옹호하는 것은 이들이 자존감을 다시 확립하는 데 도움이 되었다.

공감각은 한 사람의 본질을 향해 말을 건넨다. 공감각은 주관적 자아의 고유함을 기린다. 비판자들은 기계를 사용한 기술적 검증과 3인칭적 증거를 바라지만, 우리는 한 개인의 1인칭적 체험의 중요성을 강조해야 한다. 3인칭적 검증에 대한 요구는 객관화에 대한 사회적 편향을 드러내므로 난 언제나 이 점을 슬프게 생각해왔다. 그것은 한 개인의 내면세계와 그에게 개인적으로 '의미 있는' 것의 가치를 깎아내린다. 다행히, 변화된 패러다임으로 소위 객관성이 의심받기 시작했다. 모두가 세상을 똑같이 볼 수는 없다. 각자의 뇌는 모두 독특한 방식으로 세상을 걸러내고 정제하기 때문이다. 개인의 고유한 관점은 과학에서건 일상생활에서건 똑같이, 매우 중요하다.

올리버 색스Oliver Sacks는《수요일은 인디고블루Wednesday Is Indigo Blue》에 관해 이야기하면서 이렇게 말했다. "이십 년 전만 해도 공감각, 그러니까 두 개 이상의 감각이 자동으로 결합하는 현상은 과학자들에게 호기심조차 불러일으키지 못했다. 이제 우리는 세상에 스무 명 중의 한 명은 공감각자일 거라는 사실을 안다. 그러므로 공감각을 인간의 본질적이고 대단히 흥미로운 경험의 일부로 받아들여야 한다. 실제로 공감각이 인간의 상상력과 은유에 상당한 토대와 영감이 되었다고 말해도 무리가 아니다."

오늘날 공감각 과학은 DNA를 다루는 분자 수준에서부터 영유아의 초기 인지, 뇌 영상, 예술성과 창의성을 포함하는 생물체 전체의 행동에 이르기까지 다양한 수준을 포괄한다. 1980년대에 공식처럼 유행했던 '감각은 각각 분리된 통로로 이동하며, 상호작용하지 않는다'라는 주장에서 드러나듯이, 과거에는 인간의 뇌를 모듈형 조직으로 보았으나 이제는 점차 다중적 조직으로 보고 있다.

인간의 오감은 엄청나게 서로 뒤엉켜 있고, 대뇌는 되풀이되는 피드백과 피드포워드(결과를 먼저 예측한 다음, 그에 맞춰 현재 행동을 결정하는 것 – 옮긴이) 회로로 가득차 있다. 진화가 만들어내고 지배하는 인간의 감각 수용기로는 현실의 지극히 작은 일부밖에 파악하지 못한다. 우리는 이 수용기를 원래와 다른 주파수에 반응하도록 재조율할 수는 없다. 하지만 공감각을 느끼는 사람들이 감각들 간의 방대한 상호연결과 현실의 새로운 결에 대해 뭔가 알고 있다는 사실을 제대로 인식할 수는 있을 것이다.

워싱턴 DC에서

공감각인 것, 공감각이 아닌 것

일곱 살 소녀가 알파벳 A는 세상에서 가장 아름다운 분홍색이
라고 말했다가 친구를 잃었다.

소녀가 친구에게 물었다. "네 A는 어떻게 생겼어?"

친구는 살벌한 눈초리로 쳐다보더니 이렇게 말했다. "너, 좀
이상해!" 그 후로 이 소녀는 소리가 소용돌이치고, 도형과 단어
에는 색깔이 있고, 이름마다 독특한 맛이 있고, 숫자 8은 거만하
고 뚱뚱한 아줌마인 자신의 다채로운 세상에 대해 아무에게도
말하지 않았다.

몇십 년 전 이와 비슷한 일이 있었다. 요리를 좋아하는 남자
가 우리 동네에 새로 이사왔는데 하루는 친구들과 나를 저녁 식
사에 초대했다. 그는 음식이 늦어지는 걸 사과하며 이렇게 말했
다. "몇 분 더 기다려야 할 것 같습니다. 닭고기 맛이 아직 덜 뾰

족하거든요."

친구들은 웃음을 터트리며 그에게 이번엔 뭘 피우고 있냐고 물었다.

당황한 남자는 신경학자라면 이해할지도 모른다는 희망으로 내게 말했다. "전 맛이 강한 음식을 맛볼 때면 얼굴과 손에서도 맛을 느낍니다. 자극이 팔을 쓸고 내려가면서 진짜로 뭔가를 붙잡은 것처럼 무게, 모양, 질감, 온도를 느끼거든요."

나는 예의를 갖추려고 애쓰면서 어렵게 말을 꺼냈다. "아… 당신은 공감각을 느끼시는군요."

그는 어안이 벙벙해져서 말했다. "그러니까, 제 느낌을 부르는 말이 따로 있다는 겁니까?"

물론 그렇다. 《모양을 맛보는 남자The Man Who Tasted Shapes》는 내가 이 이웃 남자 마이클 왓슨에 대해 연구한 내용을 쓴 책이다. 책의 2부를 이루는 에세이에서 나는 연구 결과 일부를 풀어내고, 공감각을 느낀다는 것이 무엇을 의미하는지 설명했다.

'공감각synesthesia'이란 '연결된, 또는 결합된 감각'이라는 뜻으로, '감각이 없다'는 뜻의 '마취anesthesia'와 어원이 같다. 이 능력을 제외하면 완전히 평범한 사람을 일컫는 공감각자synesthete는 이를테면, 타인의 목소리를 듣기만 하는 게 아니라 보고, 맛보고, 물리적으로 접촉한 것처럼 느끼는 사람이다. 공감각 성향은 어렸을 때부터 나타난다. 이 신경학적 특성을 타고난 아이들은 사람들이 모두 자기처럼 세상을 경험하지 않는다는 사실을 알고 놀란다. 이들은 흔히 놀림의 대상이 되거나 말해도 믿어주는 사람이 별로 없기 때문에 자신의 남다른 지각 능력을 숨기는 경향이 있다. 그렇다고 해도 이 증상을 억누를 수는 없다. 그리고 기억하는 한 가장 오래전부터 언제나 이 이상한 지각 능력이 있었다.

여기서 '이상하다'고 한 것은 비정상적이라는 의미가 아니라, 이처럼 생생하게 느끼는 감각의 결합이 상대적으로 드물다는 뜻이다. 대략 인구의 4퍼센트가 두 가지 이상의 감각양식modality 을 결합한다. 감각양식이란 지각을 하나의 단일체로 보았을 때 그것을 구성하는 부분을 말한다. 우리는 흔히 두 개의 서로 다른 속성을 지닌 감각이 결합 또는 교차하여 짝을 짓는 현상을 공감각이라고 부르지만, 엄밀히 말하면 글자, 단어, 시간 단위, 음계와 같은 요소는 애초에 감각으로 볼 수 없고, 게다가 글자 와 색의 경우, 굳이 따지자면 둘 다 시각적 요소이므로 이들의 공감각적 결합을 감각이 교차했다고 표현하기도 힘들다. 따라서 우리는 좀 더 광범위한 인지 영역 안에서 공감각적 체험을 이해해야 한다. 그렇다면 다음과 같은 포괄적인 문장으로 공감 각을 정의할 수 있겠다. 즉, 공감각이란 어떤 자극을 자극 유발 체와는 다른 별개의 감각 및 개념 속성으로 지각하는 현상으로, 본인의 의지와 상관없이 저절로 일어나고, 감정이 실려 있으며,

지각한다는 사실이 인식되고, 유전된다.

한 형태의 공감각, 예를 들면 소리에서 색을 보는 색청colored hearing 공감각을 느끼는 사람이 제2, 제3, 제4의 공감각을 가질 확률은 50퍼센트다. 이런 형질에 기여하는 유전자gene 또는 유전자들은 23명 중 1명꼴로 상당히 흔하게 존재한다(22명 중 1명이 낭포성섬유증을, 3명 중 1명이 푸른 눈 유전자를, 14명 중 1명이 갈색 눈 유전자를 지녔다는 사실과 비교해보자). 그러나 그 유전자(분명히 다수의 유전자가 관여했을 것이나, 여기서는 편의상 단수를 사용한다)는 '불완전 침투도imcomplete penetrance'를 보이는데, 다시 말해 그 유전자가 있다고 해서 언제나 100퍼센트 발현하지는 않는다는 말이다. 따라서 실제로는 더욱 소수의 사람들, 90명 중 1명 정도만 명백하게 공감각을 느낀다.

일주일의 각 요일을 색깔로 감지하는 것은 가장 흔한 공감각 징후이고, 그다음이 글자, 숫자, 구두점 등을—흑백으로 인쇄되어 있어도—색깔로 보는 경우다. 우리는 이처럼 글로 쓰인 언어 요소를 자소字素, grapheme(한 언어의 문자 체계에서 음소音素를 표시하는 최소의 변별적 단위로서의 문자 혹은 문자 결합-옮긴이)라고 부른다. 어떤 사람들에게 특정 자소는 성별과 개성이 있다. 메간에게 숫자 3은 체격이 좋고 운동을 좋아하는 사람이며, 알파벳 H는 주황색에 낮은 음성의 무시무시한 여성, 그리고 기호 #은 베이지색에 성실하고 사나이다운 남자다. 나는 별로 좋아하지 않는 용어지만 현대 유행어로는 '신경전형인neurotypical'(신경다양성 관점에서 발달장애나 신경질환이 없는, 뇌 기능이 소위 정상인 사람을 칭하는 말-옮긴이)이라고 부르는 소위 비공감각자들은 알파벳에 성별과 개성이 있다는 발상 자체를 이해하지 못할지도 모른다. 그러나 이것이야말로 감각양식이 무엇인지 보여주는 전형적인 예다. 한 사람의 지각 전체를 하나의 크리스털 조각품이라고 상상해보자. 그런데 이 조각품이 깨지는 바람에 파편이 사방에 흩어져버렸다. 각 파편을 하나의 감각양식, 즉 지각의 한 측면을 나타내는, 눈에 보이지 않는 단위라고 생각하자. 이제 자유롭게 파편을 맞추어 조각을 재조립한다. 그러나 원래의 모습 그대로 이어 붙이려고 애써도, 분명 파편 몇 개는 처음과는 다른 파편들과 이웃해 붙여질 것이다. 바로 이것이 공감각이 형성되는 과정이다. 서로 다른 뇌 영역을 연결하는 배선이 늘어나면서 결국 성별과 숫자의 조합처럼 대부분 사람들이 '어울린다'고 생각하지 않는 두 감각양식이 서로 결합하게 된 것이다.

글로 쓰인 자소가 색깔을 유도하는 경향이 있는 것과 대조적으로, 언어의 소리 단위인 음소phoneme는 대부분 공감각적인 맛을 유발한다. 제임스에게 '칼리지college'란 단어는 소시지 맛이 난다. '메시지message', '빌리지village', 그리고 그 밖에 [idg] 소리가 나는 다른 단어들도 마찬가지다. 제임스가 늘 좋은 맛만 느끼는 것은 아니다. '감옥jail'이라는 단어는 차갑고 딱딱하게 굳은 베이컨 맛이 난다. 반면에 남자 이름인 '데릭Derek'은 귀지 맛이다.

선천적인 공감각을 절대음감 같은 하나의 능력으로 생각하면 이해에 도움이 될지 모르겠다. 이 능력에는 아무 문제가 없고, 치료가 필요하지도 않다. 오히려 이처럼 사물을 지각하는 추가적인 연결고리 덕분에 거의 모든 공감각자들은 비범한 기억력의 소유자다. 반세기 전, 신경심리학 창시자인 소련 심리학자 A. R. 루리야A. R. Luria는 기억력에 '한계와 오류가 없는' 5중 공감각자를 기술했다. 낮은 수준의 일자리를 전전하던 끝에 솔로몬 셰레셉스키Solomon Shereshevsky(루리야는《기억술사의 마음The Mind of a Mnemonist》에서 그를 일명 'S'로 불렀다)는 암기 전문가의 행로를 걸었다. 수년간 루리야는 S를, S는 세상을 이해하려고 애썼다(루리야의 이 책은 국내에《모든 것을 기억하는 남자》라는 제목으로 출간됐다 - 옮긴이).

공감각이라는, 이례적으로 발달한 표상적 기억력이 개인의 인격 구조에 전혀 영향을 미치지 않는다는 게 과연 논리적인 생각일까? 모든 것이 '보이지만', 사물에 대한 인상이 모든 감각 기관으로 '새어 나가지' 않는 한 그 사물을 이해할 수 없고, 전화번호를 외우려면 혀끝에서 먼저 맛봐야만 하는 사람이 과연 다른 이들처럼 성장하는 게 가능했겠는가 말이다. … 어떤 게 그에게 더 진짜인지 말하기는 정말 어려울 것이다. 그가 살고 있는 상상의 세계인지, 아니면 잠시 머물다 갈 손님으로 존재하는 현실의 세계인지.

무대 감독인 피터 브룩Peter Brook과 마리엘렌 에스티엔Marie-Hélène Estienne이 최근에 쓴 희곡《놀라움의 골짜기The Valley of Astonishment》의 한 장면에서 주인공은 의사에게 이렇게 말한다. "지금까지 아무도 나를 '믿지' 않았어요. 하지만 어쩌면 당신은 나를 '이해할지도' 모르겠군요." 지난 40년간 나는 공감각이라는 매혹적인 모순을 이해하기 위해 무던 애를 썼다. 왜냐하면 공감각이 어떻게 작동하는지, 그리고 왜 존재하는지 이해한다면, 뇌의 모든 작용을 더 잘 이해할 수 있을 거라고 생각했기 때문이다.

나는 방금 공감각을 모순이라고 말했다. 왜냐하면 공감각은, 감각이란 서로 분리된 채 명확히 구분된 다섯 개의 통로를 타고 개별적으로 이동한다는 일반적인 통념에 어긋나기 때문이다. 이웃 남자를 만나 처음 공감각에 관심이 생겼을 무렵, 내가 몸담은 학계의 누구도 공감각이라는 말을 들어본 적이 없었다. 과학은 이미 수십 년 전에 이 분야에서 흥미를 잃었는데, 왜냐하면 과학으로는 이 현상을 설명할 수 없었기 때문이다. 공감각적 결합에는 개인 특이성idiosyncratic이 있다는, 다시 말해 똑같이 알파벳에서 색을 보는 두 사람이라도 각자 자기만의 고유한 글자-색깔 조합이 있다는 사실이 비판자들로 하여금 이 현상은 실재하지도 않고, 뇌에 기반하지도 않는다고 주장하기 딱 좋게 만들었다. 1979년의 내 동료들은 마이클 왓슨의 CAT 스캔에서 볼 수 있는 게 뭐냐고 물었다. "이 사람, 어디에 문제가 있다는 거야?"

나는 대답했다. "문제없어. 머리에 구멍이 난 것도 아니고, 어디가 모자란 것도 없다고. 추가로 더 가지고 있다면 모를까."

친구들은 경고했다. "여기서 손 떼는 게 좋겠어. 이건 뭐, 말도 안 되고 너무 뉴에이지스럽잖아. 잘못 건드렸다간 경력에 문제만 된다고."

그들의 말은 분야에 상관없이 정통을 고집하는 사람이라면 누구나 보일 법한 전형적인 반응이었다. 설명할 수 없는 것은 버리거나 부인하라는 것이다. 이들은 기존에 정립된 영역 밖에서 생각하는 것을 못마땅해한다. 많은 젊은 과학자들이 박사과정 논문으로 공감각을 연구하고 싶었으나 자신의 연구가 진지하게 받아들여지지 않고 오히려 평판에 흠을 낼까 두려웠다고 말했다. 학계의 기득권 세력은 오랫동안 공감각이라는 개념을 의심했다. 이들은 공감각이란 소위 공감각 체험자들이 관심을 받고 싶어서 지어낸 것에 불과하며, 심지어 이들이 갈 데까지 간 마약중독자들이라고 주장했다. 그게 아니라면, 단순히 어린 시절에 색칠공부 책이나 냉장고에 붙이는 교육용 알파벳 자석에서 본 것과 연관 지어 기억하는 것일 뿐이라고 생각했다. 그래서 알파벳 A는 빨강이고, D는 초록이라는 것이다. 그러나 영국의 박식가 프랜시스 골턴Francis Galton이 이미 100년 전에 쓴 것처럼, 공감각은 가계를 통해 강하게 대물림된다. 그렇다면 어머니들이 대를 이어 똑같은 자석 세트를 물려주지 않는 한 어떻게 어린 시절의 기억만으로 공감각을 설명할 수 있겠는가?

근본적인 질문은, 공감각이 '시끄러운 색', '달콤한 사람'처럼 누군가의 유난히 생생한 상상력의 소산, 또는 은유적 표현이 아닌 실재實在임을 어떻게 증명하겠는가에 있다. 그러나 이처럼 증명을 요구하는 행위는 또 다른 질문을 불러일으킨다. 도대체 누구에게 실재여야 한단 말인가? 의심하는 자들? 아니면 공감각자 자신?[1] 공감각을 비판하는 사람들은 내가 그들을 처음 만났을 때부터 줄곧 받아들일 수 있는 기준이 그것뿐인 양, 공감각자의 뇌 촬영 사진을 요구해왔다. 그러나 뇌 촬영은 한 사람의 직접 경험을 제3자에게 검증해달라고 묻는 것이나 다름없다. 게다가 뇌 촬영 사진을 봐도 알 수 있는 게 없다(맥아더 펠로우 상 수상자 퍼트리샤 처칠랜드Patricia Churchland는 뇌 촬영으로는 '아무것도 설명할 수 없다'고 했다). 인간은 뇌를 물리적으로 조사해 많은 지식을 얻었지만, 이것만으로 인지 과정을 다루기는 어렵다는 사실이 입증되었다. 그렇다면 19세기 박학다식한 물리학자 구스타브 페히너Gustav Fechner에게 의지해야 할지도 모르겠다. 페히너는 이처럼 육체적인 것을 절대시하는 풍조를 극복하기 위해 애를 썼는데, 우선 정신세계가 존재한다는 관찰에서 시작했다. 뇌의 이미지를 아무리 들여다보고 생리학적으로 분석해도 사람이 스스로 내면을 성찰한 바를 대신할 수는 없다. 심지어 객관적으로 작동한다는 오늘날의 MRI 촬영도 피험자의 마음 상태에서 시작한다.

공인된 기법 중에 뇌 촬영보다 훨씬 비용이 적게 드는 방식으로 공감각이 자동적이고 불수의적이며 지각할 수 있는 현상임을 입증한 사례가 있다. 비공감각자에게 시선을 앞으로 향하고 집중하게 한 다음, 시선의 중심에서 벗어나는 주변 시야에 숫자 하나를 보여주었다고 하자. 그래도 그는 그 숫자가 무엇인지 맞힐 수 있을 것이다. 그러나 만약 그 숫자 주위에 다른 숫자를 배치해 감싸면 원래의 숫자는 보이지 않게 된다. 이런 현상을 차폐masking라고 한다. 공감각자 역시 가려진 숫자를 보지는 못하지만, 대신 그들은 이렇게 말한다. "분명히 7일 거예요. 초록색으로 보이거든요." 이것은 공감각이 우리가 무언가를 감지하고 있음을 채 의식하기도 전에 지각의 연쇄 과정 초기에 일어난다는 사실을 암시한다(그림 1.1).

시각 검색visual search 역시 공감각이 무의식적이고 자동적인 반응임을 보여준다. 비공감각자에게 숫자 5가 나열된 행렬을

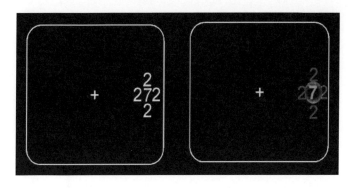

그림 1.1 차폐. 플러스(+) 기호를 집중해서 응시할 때 주변 시야에 투사된 숫자가 다른 숫자로 둘러싸여 있으면 보이지 않는다. 공감각자도 비공감각자와 마찬가지로 가려진 숫자를 보지는 못하지만 색깔은 지각한다.

보여주고 그 안에 숨겨진 숫자 2(숫자 5의 거울 이미지)를 찾으라고 하면 찾는 데 시간이 좀 걸릴 것이다. 그러나 숫자 2와 5를 서로 다른 색깔로 보는 공감각자에게는 숨겨진 숫자라도 곧바로 눈에 들어온다(그림 1.2).

점화Priming는 공감각이라는 형질의 지각적 진실성을 드러내는 또 다른 접근법이다. 어떤 공감각자에게 7은 노란색이고, 9는 파란색이라고 가정하자. 그에게 노란색 정사각형을 보여주면서 5 더하기 2가 얼마냐고 묻는 것은 전혀 문제될 게 없다. 왜냐하면 정답인 7은 공감각적으로 노란색 정사각형과 일치하기 때문이다. 그가 답을 말하기까지 걸린 시간을 잰 다음 이번에는 초록색 정사각형을 보여주며 6 더하기 3을 물어본다. 초록색은

그림 1.2 여러 개의 숫자 5 사이에 숫자 2가 섞여 있다. 숫자 2와 5를 각각 다른 색깔로 보는 공감각자들은 시각 검색에 유리하므로 숨어 있는 숫자 2를 더 빨리 찾는다.

이 질문의 답인 숫자 9의 공감각 색상인 파란색과 충돌하므로, 불일치하는 색깔 조합이 실수를 유도해 대답을 주저하게 만든다. 이처럼 어울리지 않는 조합이 끌어낸 반응 지연은 **스트루프 간섭**Stroop Interference이라고 불리며, 1935년 이후 정신물리학의 주요 연구 주제가 되었다.

공감각자들이 다른 사람들보다 추가로 더 많이 지각하기 때문에 혼란스럽거나 버겁지 않겠냐는 질문을 종종 받는다. 그러나 전혀 그렇지 않다. 오히려 공감각자들은 이 질문을 이상하다고 생각한다. 왜 그런지는 시각장애인이 이렇게 말한다고 상상하면 알 수 있다. "당신이 정말 안쓰럽군요. 눈만 뜨면 언제 어디서나 뭔가를 봐야 하잖아요. 그렇게 늘 뭘 보고 있다는 게 미칠 것 같지 않나요?" 물론 그렇지 않다. 왜냐하면 본다는 것은 우리의 정상적인 '현실의 결texture of reality'이기 때문이다. 공감각자들에게는 그저 나머지 사람들과 다르게 짜인 현실이 있을 뿐이다. 이들은 다수의 감각양식으로 구성된 지각 체계를 완벽하게 정상으로 느낀다. 늘 그렇게 살아왔기 때문이다. 그러나 공감각자들이 왜 혼란을 느끼지 않느냐는 질문 속에는 우리에게 퍼붓는 엄청난 에너지 플럭스flux(선속線束. 공간에서 어떤 물리적 성질의 흐름 – 옮긴이) 속에서 과연 어떤 것이 진짜이고(바깥세상에서의 현상), 어떤 것이 그렇지 않은지(내적이고 사적인 현상)를 판단하는 두뇌 메커니즘에 관한 폭넓고 철학적이기까지 한 문제가 들어 있다.

일반적으로 공감각 결합은 한 방향으로만 작동한다. 소리는 색깔과 모양을 유발하지만, 대개는 반대로 색을 본다고 해서 소리가 들리지는 않는다. 예상했겠지만, 여기에도 예외는 있다. 그런게 과학이니까. 줄리 록스버러는 공감각이 양방향으로 작용하는 아주 드문 경우다. 줄리는 런던 외곽에 거주하는 음악 선생으로, 사이먼 배런코언Simon Baron-Cohen이 다방면으로 연구한 끝에 그녀의 공감각이 양방향으로 작동한다는 사실을 확인했다. 줄리는 소리를 들으면 색깔이 보인다. 그리고 색깔을 보면 소리가 들린다. 눈앞의 색들은 각기 다른 음을 낸다. 한꺼번에 들리는 말소리나 환경 소음은 색이 덧칠된 독특한 '환시幻視, photism'를 유발하는데, 그로 인한 불협화음이 상당한 괴로움과 지각 혼동을 일으킨다. 줄리는 시골에서 상대적으로 제한된 삶을 살면서 요란한 색깔과 시끄러운 환경을 피함으로써 어려움을 극복한다.

〈오렌지 셔벗 키스Orange Sherbert Kisses〉라는 BBC 다큐멘터리에는 줄리가 밤에 피커딜리 광장에서 시끄러운 차 소리와 눈부신 네온사인 사이로 용감하게 걸어가는 모습이 등장한다. 줄리는 그 경험을 이렇게 묘사했다.

> 여긴 되도록 피하고 싶은 장소예요. 모든 감각 하나하나가 두들겨 맞는 것 같아요. 내가 지금 보는 게 실은 들리는 건지, 아니면 듣고 있는 게 실은 보고 있는 건지 알 수가 없어요. 그래서 자신을 통제하기가 아주 힘들어요. 차와 사람을 피하는 게 어려워요. 불빛도 소리를 냅니다. 깜빡거리는 불빛을 보면 손가락에서 감각이 느껴져요. 신호등에 그려진 초록색 남자가 저를 향해 아주 끔찍한 노란색 비명을 질러요. 그 뒤에는 네온 조명이 소리를 치죠. … 목구멍 뒤쪽으로 못이 박힌 것 같아요. … 겁이 나고 피곤하고 지쳐요. 버티기가 힘듭니다. 절대 오래 있지 못할 것 같아요.

일반적으로 발달성 공감각developmental synesthesia(선천성 공감각. 사고나 질환에 의해 발생하는 후천성 공감각과 약물로 유도되는 일시적 공감각을 제외한 일반적인 공감각. 따로 표기되지 않는 한 앞으로 이 책에서 설명하는 공감각은 모두 발달성 공감각에 해당함 - 옮긴이)은 나중에 설명할 후천성 공감각과는 완전히 다른데(10장 참조), 전형적인 특징은 감각의 결합이 장기간 일관되게 지속되고, 자동적이며 불수의적이고, 상상하는 게 아니라 지각하는 것이며, 지각한다는 사실을 지각자가 의식하고, 아주 어린 나이에 발현되며, 뇌의 이상—예를 들어, 측두엽 발작이 일어난 사람의 4퍼센트가 공감각을 체험하고, 환각제인 LSD와 메스칼린mescaline(페요테라는 선인장에서 추출한 환각물질 - 옮긴이)을 복용한 경우, 약 9퍼센트가 그 영향으로 공감각을 경험한다—에 의한 것이 아니라는 점이다.

'색을 입힌 음악'을 작곡하려는 수많은 음악가들이 내게 편지를 보내 색과 음표 사이의 번역 코드를 요청한다. 실망시켜서 미안하지만, 공감각은 그런 식으로 작동하지 않는다. 화가 바실리 칸딘스키는 실제로 네 개의 감각이 결합한 공감각을 느꼈는데, 1912년에 출간한 《예술에서의 정신적인 것에 대하여 Concerning the Spiritual in Art》에서 다양한 감각 사이에 보편적인 번역 알고리듬을 세우고자 했다. 그러나 그는 실패했는데, 위에서 언급한 것처럼 공감각 결합은 보편적인 것이 아닌 개인 특이적인 현상이기 때문이다.

그렇다고 해서 내가 '고의적 재간deliberate contrivances'이라고 부르는, 창의력이 뛰어나며 공감각자가 아닌 사람이 공감각 개

넘을 빌려다 쓰는 행위를 막을 수는 없다. 아서 블리스Arthur Bliss는 〈컬러 교향곡〉을 작곡했고, 알렉산드르 스크랴빈 Alexander Scriabin의 교향시 〈프로메테우스Prometheus〉에는 무음의 컬러 오르간이 등장해 오케스트라 위에서 색색의 조명을 비췄다(케네스 피콕Kenneth Peacock과 외르크 예반슈키Jörg Jewanski의 연구에 따르면 컬러 오르간의 역사는 수 세기를 거슬러 올라간다). 조지아 오키프Georgia O'Keeffe는 여러 작품에 〈음악: 분홍 그리고 파랑Music: Pink and Blue〉과 같은 제목을 붙였다. 시와 문학에서 공감각이라는 단어는 종종 문학적인 비유와 은유를 뜻한다. 어떤 교육 프로그램은 전인적이고 다차원적인 교육을 지향한다고 말하고 싶을 때 자신들의 교육 방식이 공감각적이라고 말한다. 여기에 물론 소리와 시각 효과의 일대일 대응이라는 발상 위에 만들어진 월트 디즈니의 〈판타지아Fantasia〉도 빼놓을 수 없다.

1930년대 이후 컬러 영화와 녹음 기술이 발전하면서 오스카 피싱거Oskar Fischinger(1900~1967) 같은 망명한 독일 예술가는 그림이 갖는 정적인 한계에서 탈출해 추상적인 개념에 활기를 불어넣었다. 그는 영화 필름을 손으로 직접 색칠해, 음악에 맞춰 모양이 변형되는 정교한 기하학적 도형 배열을 만들어냈다. 피싱거가 "돈에 연연하지 않고, 또한 … 대중을 즐겁게 하기 위해서가 아닌 오직 숭고한 이상"을 목표로 삼았다고 말한 반면, 피싱거가 한때 그 밑에서 일했던 월트 디즈니는, "이 바닥에서 과거에 나온 모든 것들은 음악에 맞춰 돌아다니는 정육면체와 도형에 불과했다. … 우리가 여기에서 좀 더 나아갈 수 있다면 … 대 히트를 칠 것이다"라고 말했다. 디즈니의 낙관론이 영화 〈판타지아〉를 탄생시켰고, 피싱거는 바흐의 〈토카타와 푸가 D단조〉로 시작되는 이 영화의 도입부에 참여했다. 나중에 피싱거는 자신의 창의력을 억누른다고 느낀 창작 환경 때문에 그만두었다. 1940년 개봉 당시 흥행수익은 형편없었으나 이 애니메이션은 고전이 되었다.

소련의 영화제작자 세르게이 예이젠시테인Sergei Eisenstein은 특별한 장면의 분위기를 살리고자 영화의 프레임들을 직접 색칠해 전반적인 컬러 워시 기법을 확립했다. 사이키델릭 아트, 레이저라마, 오도라마odorama, 디지털 미디어가 잇따랐으나, 완전히 실패했다. 영화 〈오즈의 마법사〉(1939)에서는 에메랄드 시티의 '여러 색깔의 말horse' 장면에서 착색한 필름을 사용해 좀 더 나은 효과를 주었다. 수십 년 뒤에 아메리칸옵티컬 사社는 뮤지컬 영화 〈남태평양〉(1958)의 수록곡에 색조를 더하기 위해 토드에이오Todd-AO를 개발했다. 덕분에 노래 〈발리 하이Bali Ha'i〉가 흐르는 장면은 마젠타 색으로 빛났지만, 이 시각적 장치는 신봉자를 찾지 못했다. 이러한 창조적 업적 중 어느 것도 실제 지각되는 공감각은 아니지만, 다른 감각 차원에도 공감각에 맞먹는 연관성이 존재한다는 암묵적인 이해를 끌어냈다.

이것이 우리가 오늘날 공감각을 다차원적 스펙트럼으로 볼수 있는 이유다. 이 스펙트럼의 맨 위에는 소리의 색깔, 음소의맛, 순서배열의 공간적 인지(수형數型, number form) 같은 지각적공감각의 원형原型이 있고, 제일 아래에는 따뜻한 색, 차가운 색과 같은 관습적인 은유와 지각적 유사성이 있다. 스펙트럼의 중간에는 소름, 감정이입에 따른 통증, 음악이나 냄새에 의해 떠오르는 심상, 입면 환각, 감각적 사건에 의해 연상되는 프루스트식 기억이 존재한다.

2

공감각 연구의 간략한 200년 역사

공감각이 인류 역사상 존재한 적이 없다고 생각할 논리적 근거
는 없다. 다만 신뢰할 만한 결론을 낼 수 있는 충분한 기록이 없
을 뿐이다. 아리스토텔레스, 요한 볼프강 폰 괴테, 아이작 뉴턴
경 같은 유명한 사상가들은 서로 다른 차원의 지각, 예를 들면
특정 파장의 빛과 소리의 주파수를 짝짓고 유추에 의해 추론하
는 방법을 사용했는데, 이 방법은 17세기 말까지 과학적 방식으
로 인정되었다. 이러한 접근법은 앞에서 잠깐 설명한 것처럼,
타고난 지각적 공감각은 아니지만 그렇다고 내재한 관심이 없
다고도 볼 수 없는 '고의적 재간'으로 이어졌다.

　공감각자가 찍힌 최초의 사진은 1872년으로 거슬러 올라간
다. 랠프 월도 에머슨Ralph Waldo Emerson의 딸 엘렌 에머슨Ellen
Emerson이 그 주인공인데 8살 때 일화가 남아 있다. 에머슨 가문

의 가까운 친구였던 철학자 헨리 데이비드 소로Henry David Thoreau는 1848년 엘렌의 아버지에게 이런 편지를 썼다. "나는 엘렌이 내게 '색깔이 있는 단어'를 쓰지 않았냐고 물었을 때 충격을 받았소. 엘렌은 색이 있는 단어를 아주 여러 개 말할 수 있고, 그걸로 학교에서 친구들을 즐겁게 해준다고 말했소."

이 빈약한 묘사로도 엘렌 에머슨이 진짜 공감각자였다고 충분히 추정할 수 있다. 단어가 색을 띠는 것은 흔한 공감각 유형이다. 다른 사람들도 자신처럼 볼 것이라는 가정 역시 전형적이다. 뮌스터대학의 외르크 예반슈키는 다음과 같이 언급했다. "소로가 '충격을 받았다'라고까지 표현했으므로 단지 아이가 재미 삼아 하던 놀이는 아니라고 가정할 수 있다." 분명 그에게 이런 경험은 처음이었을 것이고, '평범하지 않은 일'이었다.

예반슈키 교수는 또한 최초의 공감각 임상 사례 보고서를 찾아냈다. 1812년에 게오르크 토비아스 루트비히 작스Georg Tobias Ludwig Sachs가 라틴어로 쓴 의대 학위 논문이었다. 다중감각양식polymodal 공감각자인 작스는 자신이 경험한 알파벳 문자, 음계의 음, 숫자, 요일에 대한 색깔 공감각의 예를 인용했다. 작스 이후로도 공감각과 관련된 의학 보고서가 간혹 있었지만, 모두 성인의 사례였다. 그렇다면 다음 질문이 떠오른다. 작스로부터 에머슨까지 이어지는 60년 동안 아동 공감각자들은 모두 어디에 있었나? 왜 아동 공감각자가 그렇게 없어 보이는가? 공감각자들은 일반적으로 자신이 기억하는 한 가장 오래전부터 공감각을 느꼈다고 말한다. 시간이 지나도 변함없이 일관된 표현 역시 공감각의 뿌리가 어린 시절에 있다는 사실을 보여준다.

1980년대 이후로 현대 과학자들은 신생아를 포함해 아동 공감각자를 깊이 연구해왔다. 이들의 연구는 공감각이 뇌에서 발달하는 과정에 관한 이론에 영향을 주었고, 20세기 이전 아동기 보고서의 부재는 역사의 빈 퍼즐로 남았다. 1812년과 1848년 사이에 '공감각'이라는 용어는 존재하지도 않았다는 사실은 이 공백의 일부만 설명할 뿐이다. 이 공백으로 인한 한 가지 결과는 다수의 19세기 통계 연구를 통해 수집된 데이터 집합이 오늘날 소수의 연구진을 제외하고는 전혀 알려지지 않았다는 사실이다. 현대의 연구진들이 더 우월한 방법을 가졌을지는 모르지만, 오래전 이 현상을 연구한 사람들이 이미 핵심적인 문제를 제기한 적이 있고, 때로는 그 문제에 답을 해왔다는 사실을 알지 못한다면 또다시 옛것을 답습하기가 쉽다.

공감각에 대한 관심은 1880년 이후로 찰스 다윈의 사촌이자 영향력 있는 박식가 프랜시스 골턴이 저명한 저널 〈네이처〉에서 '시각화된 숫자'에 관해 쓰면서 가속화되었다. 그리고 3년 뒤 골턴은 공감각 성향이 가계를 따라 강하게 전해진다고 언급했다. 동료의 검증을 거친 공감각 논문의 수가 꾸준히 증가했다(그림 2.1). 골턴이 첫 논문을 발표한 해에 안과의사인 F. 수아레스

멘도사 F. Suarez de Mendoza가 프랑스어로 《색청L'audition colorée》을 출판했다. 1927년이 되어서야 독일어로 쓴 공감각 책이 등장했다. 아넬리스 아르겔란더Annelies Argelander의 《색청과 지각의 공감각 요인Das Farbenhören under der synästhetische Faktor der Wahrnehmung》이다. 영어로 쓴 공감각 책이 나오려면 몇십 년이나 남았지만, 갑자기 이 주제는 세기말 유럽의 살롱을 가득 채운 것처럼 보였다. 작곡가, 화가, 시인이 급격히 늘어났고, 심지어 자동기술automatic writing(무의식의 상태를 그대로 기록하는 초현실주의 기법 - 옮긴이), 심령론, 신지학神智學, theosophy(신의 계시나 신비적 경험을 통해 신에 대해 알게 되는 것 - 옮긴이) 지지자들까지 나타났다. 불행하게도 당대의 시대정신은 '감각적 교신sensory correspondence'이라는 발상을 강조했는데, 이것이 지각 현상으로서의 공감각에 대한 관심에 그늘을 드리웠다. 오늘날에도 가르치는 저 시대의 유명한 시 두 편이 샤를 보들레르의 〈교감Correspondances〉과 아르튀르 랭보의 〈모음母音, Voyelles〉이다. 낭만주의가 판치던 시기의 문화적 분위기를 감안하면 공감각이 얼마나 이상한 평판을 얻었을지 쉽게 짐작할 수 있다.

설상가상으로 행동주의behaviorism가 판에 끼어들었다. 행동주의는 경험에 대한 의식적인 자기 성찰보다 행동의 관찰만이 심리학에 접근하는 유일하게 올바른 방법이라고 여기는 고지식한 이념이다. 행동주의의 영향력은 1920년에서 1940년 사이에

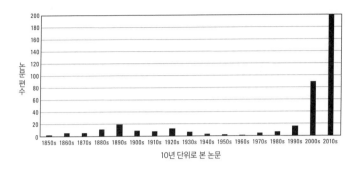

10년 단위로 본 논문

그림 2.1 1850년에서 2016년까지 10년 단위로 본 공감각 논문 수. 공감각은 20세기 들어 서면서 상당한 관심을 받았으나, 행동주의가 심리학의 지배적인 패러다임으로 군림하던 시기에 그 관심이 크게 감소했다. 행동주의의 인기는 1920~1940년 사이에 정점에 달했다. 최근 수십 년간 공감각에 대한 관심이 극적으로 높아지며 공감각 연구가 제2의 르네상스기에 도달했음을 보여준다.

정점에 달했다. 그림 2.1에서 볼 수 있듯, 이 기간에 공감각을 주제로 한 논문 수가 눈에 띄게 줄어들었다가 1980년대 후반에 제2의 르네상스기에 들어선 다음에야 겨우 반등했다.

19세기 이전에는 내성법introspection이 흔하고 높이 평가되는 실험적 기술이었다. 그러나 이후에 의학이 통증, 어지럼증, 이명처럼 환자가 말하는 주관적인 상태인 '증상symptom'과 감염, 마비, 고막 파열처럼 의사가 관찰할 수 있는 사실로 인정된 '징후sign'를 구분하기 시작했다. 결국 공감각은 먼 길을 돌아 당시의 과학을 만족시킬 외적 증거가 근본적으로 부족하다는 사실로 되돌아오게 되었다. 행동주의가 인기를 잃은 지 수십 년이

지났지만 현대 과학은 여전히 정신 상태에 대한 자기 보고self-report와 자기 참조self-reference를 부적합한 연구 재료라며 거부한다. 방법론으로서의 내성법은 입증할 수 없기 때문에 믿을 수 없다는 것이다. 다시 한 번, 1인칭 보고와 3인칭 보고 사이에 깊은 골이 드러났다.

구두 보고에 대한 끈질긴 불신의 이유는, 과학자들이 사람들은 자신의 경험에 대해 거짓말을 한다고 생각하기 때문이 아니라, 그보다 훨씬 놀라운 발견에 있다. 우리는 모두 우리가 생각하고, 느끼고, 행동하는 진짜 이유와 상관없는, 그렇지만 그럴듯하게 들리는 설명을 일상적으로 지어낸다. 이것은 뇌에서 일어나는 일을 전부 다 의식 밖으로 밀어내자면 에너지 비용이 많이 들기 때문인데, 이 반反 직관적 방식을 이해하려면 마술사의 속임수를 생각하는 게 도움이 될 것이다. 관객은 특별 장치, 가짜 칸막이, 숨은 도우미 등에 의해 연속적으로 진행되는 인과적인 사건들을 모두 지각하지 못한 채 오로지 최종 결과만을 본다. 이와 마찬가지로, 주관적 경험이나 외적인 행동을 야기하는 두뇌 속 일련의 광범위한 사건들은 우리가 인식하는 것보다 그 수가 훨씬 많다. 그러나 신경학적 현실이 "내 행동은 내가 이해하지 못하는 어떤 힘에 의해 결정됐어"라고 말해도, 우리는 여전히 "그러고 싶었어. 그래서 그런 거야"라고 쉽게 말해버리고 만다.

지금은 상상하기 어렵지만, 이런 사고방식은 오랫동안 기억,

내적 사고, 감정을 모두 금기시했다. 이것들은 정신의학이나 철학의 영역으로 강등되었다. 1970년대 말 내가 신경과학을 공부하던 당시, 실어증과 분할 뇌 연구에 대한 내 관심은 '철학적 사고방식'으로 분류되었는데, 피험자의 직접 체험은 신경학의 합당한 영역을 벗어난 것이라고 무시했기 때문이다.

당시의 과학은 이 과제를 감당할 수 없었다. 어떤 현상이든 과학적이라고 불리려면, 실체가 있어야 하고 반복 가능해야 하며, 알려진 법칙으로 설명할 수 있는 그럴듯한 메커니즘을 갖춰야 하고, 때로는 토머스 쿤이 패러다임 전환이라고 부른 사건을 일으킬 수 있는 광범위한 영향력을 행사해야 했다. 당시의 심리학은 거기까지 도전하지 못했다. 심리학 역시 미성숙한 과학이었고, 불분명하고 검증할 수 없는 '연관성'으로 가득차 있었다. 공감각이 지각 가능한 실재임을 보여주는, 이제는 얼마든지 사용할 수 있는 점화, 차폐, 숫자가 숨어 있는 행렬, 기타 여러 광학 및 행동 기법 등이 당시에는 알려지지 않았다. 이 현상의 개인 특이성은 초기 과학이 설명할 수 없었던 큰 장애물이었다. 반면에 오늘날 우리는 태아기와 유년의 형성기에 존재하는 신경가소성, 유전적 다형성genetic polymorphism, 환경적 요인으로 개인 간의 차이를 설명할 수 있다.

신경세포에 대한 19세기 이해 역시 현재의 지식에 비하면 보잘것없었다. 공감각을 언급하는 임상의조차 잘못 정의된 '신경

중추' 사이의 모호한 '교차 연결crossed connection'에 관해서만 말하고 있다. 그러나 그런 시험적 발상은 그럴듯하지도 않고 검증할 수도 없다. 일반적인 지각 과정도 모르는 당시의 과학이 어떻게 공감각 같은 예외를 설명할 수 있었겠는가? 태아의 두뇌가 발달하는 방식, 시냅스 가지치기의 강력한 역할, 또는 유전과 환경 사이의 상호작용이 각각의 뇌를 고유한 방식으로 조각한다는 것도 거의 알지 못했다(그러므로 일란성 쌍둥이라도 기질은 종종 서로 다르다). 신경의 신호전달과 용적전달volume transmission이라는 방대한 분야도 1960년대까지는 발견되지 않았다. 용적전달은 뇌를 비롯한 몸 전체에서 분자 수준의 전달 물질과 확산성 기체를 통해 정보가 운반되는 과정을 말한다. 축삭돌기와 시냅스의 물리적 전선 다발을 따라 움직이는 신호전달을 철로를 따라 내려가는 기차에 비유한다면, 용적전달은 철로를 벗어나 움직이는 기차에 해당한다. 이 모든 개념은 초기 과학의 이해 수준을 넘어서는 것이다.

오늘날 우리는 확산텐서영상diffusion tensor imaging에서 뇌자도magnetoencephalography까지 다양한 해부학적, 생리학적 도구를 통해 교차 연결성에 관한 가설과, 어떻게 신경망이 필요에 따라 스스로를 설치하고, 보정하고, 해체하는지를 검증할 수 있다. 공감각이 당시 상황을 뒤엎고 패러다임 전환을 일으키기 위해서는 정통 과학이 더이상 반대할 수 없을 때까지 기다려야 했다. 2000년대 초반이 되자 비판적인 학계가 수십 년간 요구해 온 뇌의 사진이 마침내, 그것도 엄청난 분량으로 손에 쥐어졌다. 비판했던 사람들은 입을 다물었고, 뇌의 조직 방식에 대한 오랜 독단적 개념은 퇴출당했다. 이 패러다임 전환의 의미는 공감각이 얼마나 중요한지 깨닫는 데 있었다. 공감각은 단순한 호기심을 넘어서는, 엄청나게 확장된 마음과 뇌의 영역으로 가는 창이었음이 증명된 것이다.

게오르크 작스와 프랜시스 골턴의 초기 보고 이후, 공감각에 대한 우리의 이해는 특히 지난 20년 동안 엄청나게 변화했다. 또한 앞으로도 공감각의 원인과 방식에 관한 이해 체계가 계속해서 바뀔 것이라고 기대할 만한 충분한 이유가 있다. 그것이 과학의 본성이다. 한 질문에 답을 하면, 열 가지 새로운 질문이 발생한다. 버락 오바마 대통령이 말한 것과는 달리, 과학적 논쟁에는 절대 '끝이 없다'(2014년 1월 오바마 대통령은 기후변화와 관련해 "논쟁은 끝났다. 기후변화는 사실이다"라고 말해 많은 과학자들의 반발을 샀다 - 옮긴이). 오랫동안 확고하게 자리매김해온 생각이라도 새로운 증거에 의해 뒤집힐 수 있다. 예를 들어, 1800년대 이후로 위궤양은 과다한 위산 분비가 원인이라고 모두가 알고 있었다. 일반적인 치료법은 무자극성 식사와 손상된 부위를 잘라내는 수술이었다. 1982년, 배리 마셜Barry Marshall이 헬리코박터 파일로리Helicobacter pylori 균이 궤양의 진짜 원인이라고 주장했을 때, 의학계는 그를 조롱했고 그 주장은 묵살되었다. 그러나 마셜은 마침내 2005년에 노벨상을 받았고, 오늘날 위궤양은 단기간의 항생제 복용으로 치료된다.

이와 비슷하게, 제임스 왓슨과 프랜시스 크릭은 1953년에 DNA 이중나선을 발견했다. 오늘날 유전학이 모든 현대 생물학의 기초가 되긴 하지만, DNA에 일어난 작은 변화가 사람이 세상을 지각하는 방식을 극적으로 바꾼다는 것은 놀라운 일이다. 가장 근본적인 질문은 왜 공감각 유전자가 그렇게 흔한가 하는 점이다. 약 30명 중 한 명이 내적으로는 즐거울지 모르지만 쓸모없어 보이는 돌연변이 형질을 가지고 돌아다닌다는 사실을 떠올려보라. 불필요한 생명현상에 매달리기엔 그로 인해 낭비되는 에너지에 너무 큰 비용이 들어가므로 진화는 오래전에 공감각을 내버렸어야 했다. 그러나 그렇게 하지 않았다는 것은 이 형질이 잘은 모르지만 가치 있는 어떤 일을 하고 있는 게 틀림없다는 뜻이다.[1] 어쩌면 공감각을 유지하려는 압력이 높게 지속되는 이유는, 뇌에서 증가한 연결성이 은유의 능력을 뒷받침하기 때문인지도 모른다. 여기서 은유의 능력이란 유사하지 않은 것에서 유사성을 보고, 그 둘 사이의 연결고리를 만드는 능력을 말한다. 이러한 능력 뒤에 있는 법칙을 이해한다면, 창의성은 말할 것도 없고 언어와 추상적 사고 발달에 전례 없는 통제력을 갖게 될 것이다.

공감각은 두 가지 의미에서 패러다임 전환을 이루었다. 먼저, 과학계는 뇌가 조직되는 과정에 대해 근본적으로 재고해야 했다. 이제 뇌 전체에서 혼선cross talk이 일어난다는 사실에는 논란의 여지가 없다. 단지 공감각자의 뇌에서는 이미 존재하는 회로 안에서 혼선이 좀 더 심하게 일어날 뿐이다.

다른 패러다임 전환은 각 개인 안에서 일어났다. 공감각이 말하고자 하는 것은 모두가 세상을 나와 같은 눈으로 보지 않는다는 사실이다. 사람들이 보는 눈은 완전히 다르다. 예를 들면 같은 '사실'을 두고도 목격자들의 진술이 일치하지 않는다. 다른 사람은 나와는 다른 관점을 갖고 있다. 그러나 그 모두가 진실이다. 공감각은 각자의 뇌가 어떻게 세계를 주관적으로 고유하게 걸러내는지 잘 보여준다.

알파벳, 숫자, 냉장고 자석 패턴

언어는 단연코 공감각적 체험의 주요 유발체다. 공감각적 지각 전체의 88퍼센트를 자소, 음소, 단어가 유도한다. 필기된 자소와 청각적 음소 형식 둘 다 색상이라는 감각질qualia은 물론 질감, 모양, 움직임, 광택 등 엄청나게 다양한 효과를 끌어낸다. 감각질은 붉기, 밝기, 선명도와 같은 지각의 주관적 측면이다. 여기에 음소는 맛taste을 불러오기도 하는데, 이 맛은 온도, 대단히 정교하고 구체적인 식감, 그리고 우리가 통상 '맛flavor'으로 분류하는 감각적 느낌이 층을 이룬다. 식감에는 바삭한, 부드러운, 질척한, 꺼끌거리는 등이 있고, 맛flavor에는 매콤한, 날카로운, 떫은, 연한, 크림 같은, 농익은, 자극적인, 시큼털털한, 시럽 같은, 김빠진, 감칠맛 나는, 상한, 얼얼한, 산뜻한, 느끼한, 질긴, 거품이 있는, 말랑말랑한, 묽은, 훈제한, 아무 맛이 없는, 고무 같은 등이 있다.

핵심은 공감각자들이 공감각의 어원인 'syn(함께)+aiethesis (지각)'가 암시하는 단순한 '감각' 이상의 것을 경험한다는 데 있다. 사람에 따라 지각하는 바가 다르다는 특수성이 수십 년 동안 공감각 색은 개인 특이적이라는 잘못된 가정을 공고히해왔다. 그러던 중 흥미로운 일이 일어났다. 자소에서 색을 보는 공감각은 매우 흔하기 때문에, 해당 자료를 많이 수집하게 된 것이다. 분석할 수 있는 사례가 충분해지자 그 밑에 있는 패턴이 드러나기 시작했다.

이제 우리는 단지 공감각 능력이 있는 개인만이 아니라 집단 내에서도 어떤 규칙성이 있음을 알게 되었다. 동료 연구자들은 겉으로 보이는 것과 달리 공감각적 결합을 예측할 수 있는 무작위적이지 않은 규칙을 찾아냈다. 예를 들어, 영어에서 가장 빈번하게 쓰이거나 어린 시절에 일찌감치 배우는 글자는 마찬가지로 먼저 알게 된 색깔을 띠는 경향이 있다. 그러나 이러한 명백한 결합 뒤에 있는 정확한 신경 메커니즘은 아직 알려지지 않았다.

과학자들은 자소와 색이 공감각적으로 결합하는 몇몇 규칙을 알아낼 수 있었지만 아이러니하게도 이 규칙은 정작 공감각자 자신에게는 알려지지 않았다. 자신의 공감각 색이 왜 하필 그 색인지 아는 사람은 거의 없다. 색깔 있는 알파벳 장난감이 영향을 주었을 거라고 생각한 사람은 5퍼센트도 채 되지 않는다.

그렇더라도 그들은 자신의 공감각 색과 맞지 않는 장난감 색깔 때문에 짜증났던 순간을 분명히 기억할 것이다. 예를 들어 소설가 블라디미르 나보코프는 어려서 엄마에게 알파벳 나무 블록의 색깔이 '하나같이 잘못됐다'고 불평했다. 나보코프의 엄마도 공감각 능력이 있었으므로 아들이 무슨 말을 하는지 잘 알았다. 그리고 이 소설가의 아들이자 《수요일은 인디고블루》에서 자신의 가족에 관해 썼던 드미트리 나보코프 역시 마찬가지였다. 공교롭게도 블라디미르의 아내 베라 역시 공감각자였다.

많은 공감각자들이 그들이 기억하는 한 가장 오래전부터 공감각을 느꼈다고 말한다. 기록으로 남은 가장 어린 사례가 3살짜리 쌍둥이 남자아이의 경우인데, 이 나이가 자서전적 기억의 최저 한계다. 그보다 어린 나이에서는 우리 모두 유아기 망각을 경험한다.

맥매스터대학의 다프네 모러Daphne Maurer가 처음 제안한 '신생아 가설'에 따르면 모든 아기들은 공감각 능력을 갖추고 태어나지만, 초기 몇 달 동안 그 특성을 잃는다. 누구나 알겠지만, 아주 어린 아이들을 대상으로 지각 실험을 하기란 쉬운 일이 아니다. 그럼에도 어린아이들은 공감각이 어떻게 발생하는지, 또 비록 소수에게서는 계속 유지된다 하더라도 왜 대부분 사람들에게서는 사라지는 것처럼 보이는지를 이해하는 데 필요한 풍부한 연구 재료다. 이는 타고난 본성과 후천적인 양육이 어떻게 상호작용하는지 보여주는 훌륭한 예시이기도 하다. 사람은 뇌에서 알파벳, 음식명, 시간 단위, 음계처럼 학습된 문화 유물과의 연결성을 늘리려는, 생물학적이고 유전적으로 결정된 성향을 물려받는다. 이는 공감각 연구가 한없이 매력적인 이유 중 하나일 뿐이다. 공감각 분야는 여전히 젊은 과학이고, 앞으로 이 현상이 작용하는 방식에 관해 더 깊고 근본적인 세부사항이 밝혀지면서 많은 발견과 수정이 일어날 것이다.

공감각이 생의 초기에 시작된다는 것만큼이나 흥미로운 점은, 공감각적으로 지각된 색상의 빈도가 고르지 않다는 사실이다. 공감각자의 색은 심리학 연구에서 일반적으로 사용되는 11가지 표준색보다 훨씬 미묘하고 복잡하다. 수십 년 전, 언어학자 브렌트 베를린Brent Berlin과 폴 케이Paul Kay는 특정 언어에 색이름이 유입된 순서를 확인했는데, 전 세계적으로 서로 관계가 없는 다양한 언어에서 그 패턴이 놀라울 정도로 비슷했다. 처음 도입된 색이름은 언제나 검은색과 흰색, 또는 빛과 어둠의 음영을 묘사하는 단어였다. 그다음에 나타난 색은 빨간색이었다. 그리고 언어가 발달하면서 예상한 대로 녹색, 노란색, 파란색, 갈색, 회색, 주황색, 분홍색, 그리고 마침내 보라색이 뒤를 이었다. 이렇게 '표준' 시험 색상이 결정되었다. 그러나 공감각자들은 훨씬 넓은 범위의 색을 체험한다.

색의 빈도가 균일하다고 가정하면 각 색깔은 알파벳의 약

9퍼센트를 차지할 것이다. 그러나 실제로는 그렇지 않다. 약 40퍼센트의 확률로 알파벳 A는 빨간색이며, H와 S는 약 20퍼센트로 녹색과 짝을 지었다. O와 I는 마치 알파벳 I가 숫자 1과 대응되듯이 흔히 무채색, 즉 흰색이나 검은색이다. 여기에 어떤 규칙이 있을까?

하나는 언어적 빈도수이다. 언어적 빈도수란 특정 언어를 구성하는 전체 어휘 중에 어떤 어휘가 흔한 정도를 말한다. 'ten'은 'tin'보다 흔하고, E는 Q보다 빈번하며, 마침표는 느낌표보다 널리 쓰인다. 어떤 언어 구조든 상당 부분이 이 토대 위에 있다. 빈도수가 높은 단어, 자소, 음소일수록(그 의미까지 포함해) 낮은 빈도수의 단어보다 한 사람의 머릿속에 있는 심적 어휘mental lexicon(어휘 사전)에서 더 빨리 검색된다. 아무것도 없는 데서 진화하는 대신, 자소 공감각은 기존의 언어 규칙을 교묘하게 가로채, 무작위적이 아닌 상대적인 순서에 따라 다른 감각양식과 짝을 지었다. 가장 자주 나타나는 문자와 숫자는 가장 빈번하게 쓰이는 색이름과 우선적으로 대응된다. 그래서 '흰색'이라는 단어는 대개 숫자 1과, 알파벳 A는 '빨간색'과 연결된다.

공감각적으로 지각된 자소의 휘도(밝기)와 채도를 보아도, 높은 빈도의 글자와 숫자는 빈도가 낮은 자소보다 밝고 선명한 색상을 발생시키는 경향이 있다. 또한 이 규칙은 키릴어, 히브리어, 만다린어와 같은 비非로마 문자에 대해서도 적용된다. 이처럼 자소와 색깔의 대응이 단어의 빈도수와 관련된 경우도 있지만, 글자 모양처럼 저차원적 지각 특성에 따라 결정되는 경우도 있다. 예를 들어 Z와 N처럼 회전시켰을 때 시각적으로 유사한 글자는 비슷한 공감각 색을 도출한다.

이와 같은 자소의 '시각적 형태'에 대한 민감도는 좌뇌 측두엽의 방추형이랑fusiform gyrus(방추상회)에 자리잡은 시각적 단어 형성 영역에서 결정된다. 방추형이랑은 시각적으로 똑같이 복잡한 경우라도, 무의미한 가짜 글꼴보다는 의미가 있는 자소와 단어에 더 강하게 반응한다. 방추형이랑의 어떤 부분은 명암대비contrast에 의존하는 반면, 그 안에 있는 또 다른 세포 집단은 오로지 자소에만 반응한다. 이는 뇌가 현재의 이미지 해상력으로는 밝힐 수 없을 정도로 세밀하게 조직되었음을 암시한다. 글자 모양의 미묘한 차이도 중요하다. 크리스틴 G에게 알파벳 F와 I는 각각 초록색과 시안색cyan이다. 그러나 두 글자를 합친 fi는 초록색이다. "왜냐하면 F의 초록이 I의 시안보다 강하기 때문이다."

CC 하트는 '밀도가 더 높은 글꼴'에서 '더 진한' 색을 본다. 하트에게 글꼴 디자이너 마이크 파커Mike Parker의 'Helvetica'는 헤르만 차프Hermann Zapf의 'Optima'—하트가 "더 투명하고 색이 더 흐리다"라고 본—보다 더 강렬한 색상을 띤다(그림 3.1).

그림 3.1 공감각자 CC 하트의 사례. 주어진 글꼴의 시각적 특징에 따라 달라지는 채도의 미묘한 차이.

미술학 석사 과정 중에, 한 교수가 모든 과제를 'Courier New' 글꼴로 제출하라고 했는데, 이 글꼴의 세리프serif(서체의 획 끝에 달린 장식용 삐침 – 옮긴이)가 너무 많은 색깔과 질감을 만들어내서 나는 별로 좋아하지 않았어요. … 그래서 우선 'Avenir Next' 글꼴로 작업한 다음, 제출 직전에 지침에 따라 글꼴을 바꿔요.

그림 3.2는 명암대비에 민감도가 높은 한 공감각자의 예시다.

명암대비가 40퍼센트에서 4퍼센트로 차츰 감소하면, 글자체의 일부, 특히 교차점, 수직선, 막히지 않은 끝 부분이 색을 잃는데, 이는 방추형이랑을 중추로 하는 문자 인식의 특징형상 기반 모델feature-based model과 일치한다.

2개 국어를 사용하는 공감각자에게, 이러한 지각 유사성은 영어의 알파벳을 초월하는 것 같다. 어떤 사람에게 로마자 N과 키릴 문자 И는 비슷한 색으로 보인다. 여기서 알 수 있는 규칙은, 문자의 '시각적 형태'가 특정한 색상과 연결된다는 점이다. 한

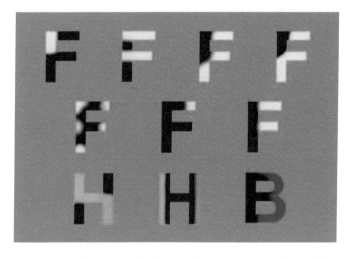

그림 3.2 자소-색깔 공감각자의 사례. 자소의 명암대비가 낮아지면 유도되었던 공감각 색이 사라진다. 첫 번째 줄은 명암대비가 40, 30, 10, 10(2차 시도)퍼센트일 때 알파벳 F. 두 번째 줄은 5, 4, 2퍼센트에서 알파벳 F. 세 번째 줄은 30, 5퍼센트에서 알파벳 H와 30퍼센트에서 알파벳 B.

축에는 공감각 색상, 다른 한 축에는 문자의 모양을 나타내는 그래프를 그린다고 가정하자(예를 들어, 쌍으로 이루어진 차원에서 알파벳 I의 밀집성compactness/수직성 vs. 알파벳 O의 원형성/동일한 차원성). 여기서 우리는 두 문자의 형태가 그래프 상에서 서로 멀리 떨어질수록, 종류에 상관없이 색상 역시 멀어진다는 점을 발견할 수 있다. 더 놀라운 점은 글자를 모르는 유아들에게 선택하게 했을 때도, 아이들은 마치 대다수 성인 공감각자처럼 O와 I에 흰색을, X와 Z에 검은색을 대입한다는 사실이다.

공감각자에게 라틴 문자 Æ가 어떻게 보이는지는 그가 Æ를 사용하는 원어민인지 아닌지에 따라 다르다(Æ는 주로 노르웨이어, 덴마크어, 아이슬란드어에서 사용한다 - 옮긴이). 덴마크 태생인 조지는 다음과 같이 말했다.

A는 빨간색, E는 거의 하얀색이지만, Æ는 이 글자가 들어가는 단어의 정확한 발음에 따라 자기만의 색이 따로 있어요(연보라에서 보라색). 이유야 명확하죠. Æ는 단모음을 나타내는 단일 문자이지, 이중모음이 아니니까요. 이 글자의 a와 e 부분도 내게는 따로 눈에 들어오지 않아요.

그러나 마찬가지로 Æ를 쓰지만 덴마크어나 아이슬란드어 원어민은 아닌 이고르는 다음과 같이 말했다.

지금도 저는 Æ가 하나의 색깔로 '합쳐지지' 않습니다. 왼쪽 반은 A의 진한 빨간색으로, 오른쪽 반은 E의 밝은 빨간색으로 보입니다. 한번은 실수로 아이슬란드어로 bækur(책)의 철자가 여섯 개라고 말한 적이 있는데, 저한테는 이 다섯 개의 문자가 여섯 가지 색으로 보였기 때문이에요.

단어의 첫 글자가 그 단어의 전반적인 색조(이 책에서는 특별한 경우를 제외하고 tint, tone, shade를 모두 '색조'로 번역했다. 각각은 기본 색상에 흰색, 회색, 검은색을 섞었을 때 달라지는 색조의 변화를 나타낸다-옮긴이)를 결정하는 것은 흔한 일인데, 공감각자와 비공감각자 모두 색이름의 첫 글자 색이 그런 식으로 정해지는 경향이 있다. 그 결과 알파벳 B는 흔히 파란색blue이나 갈색brown이고, R은 약 40퍼센트가 빨간색red, Y는 거의 45퍼센트가 노란색yellow이다. 한 연구에서, 400명의 비공감각자에게 알파벳 각 글자의 색을 적게 했다. 이들에게는 이해가 가지 않는 과제였겠지만, 어쨌든 이들은 아무 색이나 마음대로 고를 수 있었다. 그러나 글자를 무작위로 보여주든, 알파벳 순서대로 보여주든 상관없이 피험자들은 대부분 A를 빨간색으로 적었다. 당연히 두 집단의 주관적 경험의 성격은 완전히 다르다. 공감각자는 자신도 모르게 자각하고 그 사실을 의식하는 반면, 비공감각자들은 무턱대고 추측한다. 그러나 이들이 보여준 유사성이야말로 공감각자와 비공감각자가 교차감각양식의 혼선이 이루는 스펙트럼의 양 끝에 있음을 암시한다. 현재 우리는 공감각자가 지각하는 것은 비공감각자에게도 존재하지만, 내재할 뿐이라고 생각한다. 앞서 말했듯이 감각양식의 혼선은 모든 사람의 뇌에 존재한다. 공감각자의 뇌는 단지 이것을 의식적으로 인지한다는 면에서 혼선이 더 심할 뿐이다.

아이들은 일반적으로 음소를 먼저 인지하고, 그다음에 단어의 조각들, 음식 이름, 기본색, 좋아하는 사물의 이름을 배운다. 그리고 나중에 1부터 10까지, 그리고 일부 알파벳 글자의 순서를 배우기 시작한다. 42~48개월이 되면 아이들은 순서와 상관없이 알파벳을 알게 된다. 요일이나 월의 순서는 그다음에 배운다.

공감각 연구의 예상치 못한 결과 중 하나는, 9장에서 특정한 순서배열(시퀀스)을 공간 속에서 인지하는 공감각에 관해 이야기할 때 보겠지만, 뇌가 순서배열, 좀 더 구체적으로 말하면 **과잉학습된 순서배열**overlearned sequence에 대단히 신경을 쓴다는 사실을 발견한 것이다. 앞에서 나는 성격과 성별을 가진 자소에 관해 설명했다. 그런데 알파벳 자소는 순서배열의 일부다. 그렇지 않은가? 그리고 뇌가 크게 관심을 쏟는 것은 연속적인 배열에서 그것을 구성하는 요소의 상대적인 순서상의 위치, 또는 규모다. 그렇다면 거추장스럽게 '서수의 언어적 인격화ordinal linguistic personification'라고 부르는, 순서배열-성격 공감각에서 어휘의 빈도가 하나의 요인으로 작용한다는 사실도 놀랍지 않다. '순차성sequentiality'의 인지, 지각 체계가 이런 종류의 공감각을 유발한다는 전제하에, 이 복잡한 용어를 간단히 '인격화(의 인화)'라고 부르자.

인격이 부여된 자소가 친화성agreeableness, 외향성extraversion, 신경성neuroticism, 성실성conscientiousness, 경험에 대한 개방성 openness to experience의 총 5가지 표준 차원 중에서 어떤 성격을 지니게 되는지는 그 자소의 상대적 빈도에 달려 있다. 빈도수가 높은 글자는 친화성이 높고 신경성이 낮은 성격에 끌리는 반면, 빈도수가 낮은 글자와 문자에는 반대가 적용된다. 지금까지 연구자들은 이처럼 이상한 전환을 설명할 그럴듯한 메커니즘을 제시하지 못했다. 그러나 주어진 증거로 보아 그런 전환이 일어난다는 의심할 수 없는 사실은 뇌 조직에 관한 현재의 견해를 계속해서 다듬을 필요가 있다고 말한다. 인격화는 신경학을 유명하게 만든 바로 그런 종류의 이상함이다. 어떻게 이처럼 기존 통념을 벗어나는 색다른 퍼즐에 끌리지 않을 수 있겠는가?

인격이 있는 수 때문에 캐머런 라 폴리에는 4학년 때 선생님에게 왜 수학을 '평범한 방식으로' 하기 어려운지 말하는 '다소 심각한 실수'를 저질렀다.

수의 '색깔과 성격'이 맞아야 하고, 그렇지 않은 수는 기억하기 힘들어요. 선생님은 그 사실을 알고 기겁했고, 그해 내내 내가 풀 수 없는 문제를 찾으려고 갖은 애를 쓰며 모종의 핍박을 가했죠. … 모든 방정식은 수와의 새로운 사회적 상황이자 상호작용, 색의 새로운 이야기였습니다. 게다가 나에게는 문제가 풀리는 장면이 보이는 내면의 스크린이 있어요. … 그저 지켜보고 있으면 숫자가 움직이면서 저절로 문제가 풀리죠. 내게는 대단히 친숙한 장면이에요.

앞에서도 뉘앙스에 관해 얘기했지만, 그때는 공감각자들이 보는 대단히 구체적인 색깔에 대해 아주 간략하게 언급했을 뿐이다. 공감각자들은 세상에서 제일 큰 크레용 상자나 컬러칩을 주어도 주어진 선택의 폭에 만족하지 못할 것이다. 어떤 것도 그들이 지각하는 바로 그 특정한 색깔과 정확히 맞지 않기 때문이다. 심지어 윈도우즈 소프트웨어 색상 추출 프로그램이 제공하는 1,640만 개 옵션에서조차 정확히 일치하는 색상을 찾는 데 몇 분이 걸린다. 한 세기하고도 25년 전에 프랜시스 골턴은 이 문제를 다음과 같이 표현했다.

이 현자들이야말로 색의 정확한 색조와 색상을 묘사하는 데 있어서 언제나 가장 엄밀하다. 예를 들어 그들은 단순히 '파란색'

이라고 말하는 것으로는 결코 만족하지 못하면서도 그들이 뜻하는 특정한 파란색을 표현하거나 일치시키는 데는 상당한 어려움을 겪는다.

오늘날에는 공감각자들이 대조군에 비해 더 많은 용어를 사용해 색을 묘사한다는 것이 알려져 있다. 한 연구에서 초록색을 묘사하는 공감각자와 비공감각자의 어휘를 조사했는데, 비공감각자는 불과 5개의 용어를 사용한 것에 반해 공감각자는 무려 54개 용어를 사용했다(표 3.1). 이것은 남성보다 여성이 쓰는 색상 어휘가 더 풍부하다는 류의 맥락보다는, 공감각자들이 대조군에 비해 실제 자신이 느끼는 감각의 폭넓은 팔레트를 정확히 묘사하는 데 목표가 있다는 것을 뜻한다.

많은 공감각자들이 색상의 음영, 또는 뉘앙스가 '중요하다'고 말하는데, 그건 관심의 초점이 거기에 있기 때문이다. 나본 그림Navon figure(작은 숫자나 글자로 이루어진 큰 그림-옮긴이)을 이러한 효과의 예로 들 수 있다(그림 3.3). 크기가 작은 숫자 2로 구성된 커다란 숫자 5는 둘 중의 하나로 읽힐 수 있다. 숫자 2에 집중하면 이를테면 주황색으로 보이고, 숫자 5에 집중하면 시 폼 그린sea foam green 색으로 보인다. 이렇게 주의attention 대상을 바꾸면 공감각이 지각하는 바를 하향적으로 조절할 수 있다.

자소는 그것을 보거나 듣거나 단순히 생각하는 것만으로도

표 3.1 비공감각자와 공감각자가 느끼는 다양한 색조의 초록색

비공감각자(5개 색조)

초록색	어두운 초록색	라임 그린 색
에머랄드 색	아보카도 색	

공감각자(54개 색조)

초록색	비취색	완두콩 초록색
탁한 초록색	카키색이 도는 엷은 초록색	서양배 초록색
풀색	나뭇잎 색	강한 초록색
사과 초록색	봄잎 초록색	초록색/어두운
거무스르한 어두운 초록색	연한 초록색	아주 어두운 초록색
셔우드 그린 색	라임 그린 색	아주 어두운 초록–파란색
유리병 초록색	엷은 라임 그린 색	검은색에 가까운 어두운 초록색
밝은 초록색	생기 있는 초록색	물기 있는 초록색
밝은 숲속 초록색	중간 초록색/푸르스름한	노란색이 도는 초록색
코스 상추 초록색	중간 초록색	노란색의 지저분한 초록색
어두운 노랑–빨강 초록색	중간/어두운 초록색	초록색/갈색
어두운 거무스르한 초록색	이끼 초록색	초록빛이 도는 색
흐린 연한 초록색	초록빛 도는 노란색	초록빛이 도는 활기찬 청동색
전나무 초록색	숲속 초록색	초록빛이 도는 강한 구리색
회녹색	올리브 초록색	어두운 초록빛과 갈색빛이 도는 색
회색빛이 도는 연한 초록색	올리브/겨자 초록색	진흙탕 초록색
각이 딱딱한 초록색	엷은 초록색	어두운 초록색
상추 초록색	엷고 투명한 초록색	가문비나무 초록색

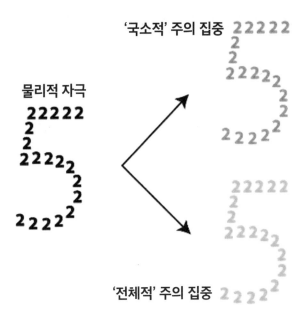

'국소적' 주의 집중

물리적 자극

'전체적' 주의 집중

그림 3.3 나본 그림에는 국소적 특징뿐 아니라 전체적 특징(이 경우에는 숫자 5로 보이는)
이 있다. 여기서는 작은 숫자 2가 모여 큰 숫자 5로 배열된다. 1977년에 데이비드
나본David Navon은 전체적 특징이 국소적 특징보다 빨리 인지된다는 사실을 밝
혔다(이런 특징을 '전체 우선 효과'라고 한다). 공감각자들이 주의를 집중하는 대상
을 바꿀 때마다 지각되는 색깔이 변한다.

참고문헌. 데이비드 나본, 〈나무보다 숲Forest before Trees: The Precedence of Global
Features in Visual Perception〉 *Cognitive Psychology* 9, no. 3(1977): 353-383.

색깔을 만들어낸다. 그러나 동음이의어는 철자가 다르므로 다른 색으로 보인다. 단어의 첫 글자가 단어 전체의 색깔을 뒤덮을 때에는 모음이 단어를 밝거나 어둡게 만들어 각 단어를 고유하게 만든다.

크레용으로 그림 3.4처럼 그린 마르티는 단어에 이러한 속성이 없다면 '이상해 보일 것'이라고 말한다. 마르티의 경우, 알파벳 A와 I는 단어를 어둡게 만들고, E와 O는 밝게 만든다. 그리고 U는 중간이다. 마르티는 이렇게 설명했다. "Tin은 Tan보다 어둡고, Tan은 Ten보다 어두워요. 참고로 숫자 10은 또 다르게 보입니다. 그리고 Ten은 Tun보다 어두워요. Tun(포도주를 담는 큰 통)은 Tin과 Tan, 또는 Tan과 Ten 사이의 색깔입니다. 만약 Tun에 E가 붙어 Tune이 되면, 이 단어는 훨씬 밝아질 거예요." 마르티에게 다음으로 중요한 것은 '공간적으로 큰' 느낌을 주는 글자들이다. 다시 말해, B는 C보다, 그리고 K는 L보다 더 많은 색을 갖는다. 마르티는 단어의 색조를 보는 것을 태피스트리 속의 실 가닥을 보는 것에 비유한다. 이때 어디에 집중하느냐에 따라 보이는 게 달라진다.

글자의 색깔은 직물과 같습니다. 각각의 실을 잡아당겨 뽑아내면 다양한 색깔을 볼 수 있죠. 같이 엮어놓으면 하나의 색—그러니까 대부분 초록색(T)—이 되지만, 여전히 다른 '실 가닥'의 영향을 받아요. 예를 들어, 당신이 카펫을 보고 있다고 하죠. 총 다섯 가닥 중에서 한두 개는 갈색이고 나머지는 초록색이에요. 이 실 가닥을 따라 섬유를 자세히 보면, 어떤 것은 빨간색(A-Tan), 또는 어쩌면 노란색(E-Ten), 아니면 회색(U-Tun)이나 검은색(I-Tin)으로 되어 있지요. 카펫 위에 서서 보면 카펫은 초록색이에요. 그 위에 앉아서 보면 갈색이 보일 테고, 더 자세히

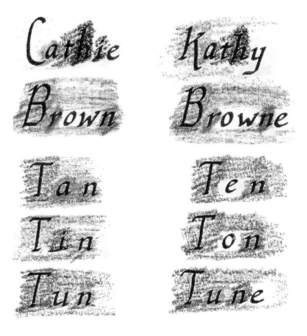

그림 3.4 자소에 기반한 공감각에서 동음이의어는 서로 다르게 보인다. 흔히 첫 글자가 단어 전체를 '가린다'(첫 글자 효과). 반면에 모음은 단어를 밝거나 어둡게 만드는 경향이 있다.

들여다보면 빨간색, 노란색 등이 보일지도 모릅니다.

공감각 색이 나타나는 공간적 위치에 관한 질문은 대답하기 어렵다. 다시 말해 공감각자가 그 색을 '어디에서' 보느냐는 것이다. 마음의 눈으로? 아니면 바깥세상에서? 연구자들은 마치 흑백 인쇄 위에 색을 덮어씌우는 것처럼 종이 위에 투사하듯 색깔을 경험하는 사람들과 내면에 색을 느끼는 감각을 지닌 사람들을 구분하기 위해 오래전부터 감각형 공감각자projector와 심상형 공감각자associator라는 용어를 사용해왔다(감각형은 공감각 색을 몸의 바깥 공간에 투사된 것으로 경험하고, 심상형은 몸 안의 정신적인 공간에서 느낀다 — 옮긴이). 그러나 이제 이런 이원적 구분은 받아들여지지 않을 것 같다. 어떤 사람들은 공감각 색깔을 3차원 공간에서 특정한 유클리드식 위치로 나타낼 수 있지만, 모든 사람의 지각에 공간적 특성이 있는 것은 아니기 때문이다.

설문 조사자들이 질문을 표현하는 방법도 답변에 영향을 미친다. "당신은 공감각을 '어디에서' 보십니까?"라는 모호한 질문은 모호한 답변으로 이어져 공감각자들을 어떤 생물학적 근거도 없는 범주로 구분하게 만든다. 최근 지적된 바에 따르면 색을 띠는 자소들이 공간으로 확장된 스펙트럼을 따라 실제로 매끄럽게 분류된다고 한다. 예전엔 심상형 공감각자로 분류됐던 사람들 중에서도 일부는 정신적 공간 안에서 색깔의 움직임과 위치를 보고 또 설명할 수 있는 반면, 나머지는 단지 그것을 '알' 뿐 확실한 위치를 지정할 수 없다(지식 상태). 둘 사이의 유용한 유사점은 정신적 이미지를 형상화하는 능력이다. 이 기술은 보통 사람들 사이에서도 정도 차이가 심하다. 심상imagery과 공감각은 독립된 성질이다. 과거에 감각형 공감각자로 분류된 사람들은 단지 심상을 더 생생하게 그려내는 능력 때문에 높은 점수를 받았을 것이다.[1]

어휘-미각 공감각은 실제로 맛이 입에서 느껴지는 것이 아니고 공간 좌표가 없는 정신적 이미지로 존재한다는 점에서 비슷하다(하이픈으로 연결된 공감각 유형 표기는 앞부분이 공감각을 일으키는 유발체, 뒷부분이 공감각적 반응으로 나타나는 감각을 의미한다 - 옮긴이). 이와는 대조적으로, 음악, 목소리, 주변 소음을 포함하는 소리-시각, 맛-모양, 접촉-색깔, 순서배열-형상은 모두 별개의 확장된 공간을 갖고 있다. 이런 질적 차이는 공감각이 연속된 스펙트럼으로 존재한다는 견해를 지지하고, 공감각이라는 단어 자체를 지금까지 기술된 150가지 이상의 지각적, 인지적 결합을 가장 잘 포괄하는 용어로 만든다. 이것이 사실이라면, 외적으로 서로 다른 각각의 표현형phenotype은 공감각 결합이라는 유사한 개인의 경험을 일으키는 내적으로 서로 다른 메커니즘에 의해 나타날 것이다. 그중 일부는 흥분과 억제 사이의 깨진 균형, 뉴런과 시냅스의 과잉 생산, 태아기에 일어난 시냅스 가지치기의 실패와 깊은 관련이 있다.

태아의 뇌는 초당 200만 개의 시냅스를 만든다. 그 후로는 세상에서 무엇을 배우고 무엇을 접하느냐에 따라 정상적으로 시냅스가 숨어진다(쓰지 않으면 잃게 된다는 원리가 바로 여기에서 작용한다). 아기들이 손이나 발을 뻗어 무언가를 집고, 기어가고, 물건을 입에 넣고, 말과 책 읽는 소리를 듣고, 보고, 다른 사람들을 따라하는 과정에서 환경은 각 아이들의 뇌를 고유하게 조각해 나간다. 사람들은 아이들이 모든 걸 스펀지처럼 빨아들인다고 쉽게 말하면서도, 초기 학습이 실제로 얼마나 방대하고 빠르게 일어나는지는 대수롭지 않게 생각한다. 또한 이 과정이 오랫동안 일어난다는 사실도 잘 잊는다. 두뇌의 발달 속도는 처음 몇 년 동안 폭발적이었다가 느려지고, 사춘기가 되면 신체 외형이 변함과 동시에 다시 한 번 폭발적으로 재조직화된 후 25세 무렵까지도 발달이 완료되지 않는다. 그리고 우리가 죽는 날까지도 끝까지 변화를 멈추지 않는다.

학습은 이 모든 시간 내내 일어나고 있다. 뇌는 처음 몇 년 동안 자소의 복잡함을 배운다. 자소 공감각자의 극히 일부, 지금까지 1만여 건의 연구 사례 중 불과 11건만이 냉장고에 붙이는 알파벳 자석을 각인imprint했다는 점은 대단히 흥미로운 발견이다. 두 명의 스탠퍼드대학 과학자가 만난 한 여성은 알파벳의 각 글자가 빨강, 주황, 노랑, 초록, 파랑의 순서대로 체계적으로 반복되었다. 이 여성은 이것이 어려서 갖고 놀던 피셔프라이스 사社의 알파벳 자석 세트 색깔—A는 빨강, B는 주황, C는 노랑, D는 초록 등—과 일치한다고 말했다. 피셔프라이스 사는 1971년에서 1990년 사이에 이 자석 세트를 제조했는데, 이 여성은 어른이 된 후 부모님 집 다락방에서 이 장난감을 찾았다고 한다.

데이비드 이글먼의 이야기로 들어가보자. 그는 2005년에 '공감각 배터리Synesthesia Battery'라는 테스트를 개발했다. 이 공감각 테스트는 다양한 공감각 유형을 선별하기 위한 기본적인 질문, 과제, 채점 기준으로 되어 있으며 www.synesthete.org에서 11개 언어로 사용할 수 있다. 이글먼의 공감각 테스트가 수집한 방대한 자료로 지금까지 불가능했던 자소 공감각에 대한 환경 영향을 조사할 수 있게 되었다. 앞에서 이미 나는 글자와 색깔의 빈도수, 색깔을 나타내는 용어, 알파벳 순서, 첫 글자 효과, 시각적 모양과 음성적 발성의 유사성 같은 외적 영향에 대해 언급했다. 이글먼이 6,588개의 알파벳을 분석한 결과, 미국인 자소 공감각자 중 6퍼센트에 달하는 400명이 10개 이상의 알파벳을 자석 세트의 알파벳 색깔과 일치시켰다. 이것은 우연에 의해 예측되는 비율인 0.009퍼센트 미만보다 훨씬 높은 것이다. 이 장난감 생산이 절정에 달했던 시기(1975년~1980년)에 태어난 참가자들의 경우 거의 15퍼센트가 이 자석 색깔에 각인된 것으로 보인다.

피셔프라이스 자석은 글자-색깔 결합의 자극이 되었을 뿐, 원인이 아님을 강조할 필요가 있다. 이 자석 세트는 1967년 이후에 태어난 사람들의 어린 시절에 미국 전역에서 구할 수 있었고, 조사 대상자 중 그 이전에 태어난 이들은 누구도 글자를 자석 색깔과 일치시키지 못했다. 이 자석 세트가 어디에나 흔하게 있었다는 사실은, 어린 시절이 미치는 영향력을 밝히기 위해 오스트레일리아에서 대대적으로 아동 도서를 분석한 연구의 부정적 결과를 설명할 수도 있다. 그러나 1989년 이전에 오스트레일리아에는 상대적으로 글자가 색칠된 책이 거의 없었다. 지금까지 논의한 일반적인 공감각 대응 패턴 뒤에 있는 언어, 문화적인 규칙은 오랫동안 존재해왔지만, 알파벳 자석으로 공감각 색이 각인된 사례는 시장에서 피셔프라이스 장난감을 구할 수 있는 수준에 맞춰 증감을 거듭했다. 그러나 자석 색깔을 각인한 공감각자들도 여전히 다른 사람들과 똑같은 규칙의 대상이 된다. 사실, 두 힘은 서로 경쟁한다.

예를 들어, 일반 집단에서 Y와 G는 대체로 노란색과 초록색을 나타낸다. 그러나 자석 공감각자들은 26개의 알파벳 전체가 아닌 일부만 각인한다는 사실을 기억하라. 실제로 장난감에서는 Y와 G는 둘 다 빨간색이다. 공감각 글자 색이 장난감과 일치하지 않을 때에는 400명의 자석 공감각자들이 전체적으로 다른 사람들처럼 Y를 노란색으로, G를 녹색으로 짝짓는 경우가 가장 많았다.

각인이란 어느 면에서는 파블로프의 개와 비슷한 연합적 조건 학습conditioned learning의 한 형태일 뿐이다. 소수의 공감각자들에게서 조건 학습이 일어난다고 해서, 공감각이 지각할 수 있는 현상이고 유전적 성향에 좌우된다는 많은 증거를 부정하지는 못한다. 이글먼과 동료들은 이런 조건적 심상을 우리가 눈으로 책을 읽을 때 머릿속에서 자연스럽게 발생하는 청각적 어휘와 유사하다고 본다. 지금까지 성인에게 글자-색깔 조합을 강제로 학습시킴으로써 공감각을 유도하려는 노력은 모두 실패했다. 왜냐하면 이것은 일반적으로 공감각이 뿌리내리는 방식이 아니기 때문이다. 공감각 성향이 있는 아이들은 아주 다양한 환경적 영향을 받는데, 여기서는 그중 일부만을 개괄적으로 설명했을 뿐이다.

다수의 인과관계와 복잡성의 문제를 설명한 최근의 한 연구에서 제2외국어를 배운 공감각자들을 조사했다. 마커스 왓슨Marcus Watson과 동료들의 '학습 가설'은 어려운 학습 도전에 직면한 아이들에게 도움이 되기 때문에 공감각이 발달, 지속된다고 제안한다. 왓슨은 모국어의 맞춤법이 쉬운 경우와 까다로운 경우를 선택해 비교했다. 영어의 맞춤법은 철자와 쓰기 규칙이 복잡하고 까다롭다. 모든 문자가 하나 이상의 소리를 내고 심지어 어떤 글자는 묵음이다. 이와 비교했을 때, 체코어는 맞춤법이 쉽고, 자소와 음소가 거의 일대일에 가깝게 대응된다. 그리고 묵음인 문자가 없다. 문자를 배우고, 그 문자로 된 글을 읽고 쓰는 능력을 갖추기에는 맞춤법이 쉬운 언어가 더 용이하다.

1만 1,400명이라는 엄청난 표본 수를 바탕으로 한 조사는 오히려 학습 가설을 의심하게 만드는 결과를 낳았다. 연구 결과, 체코어를 모국어로 하는 사람들이 까다롭고 어려운 맞춤법과 씨름해야 하는 영어권 사람들보다 공감각자가 될 가능성이 오히려 더 컸기 때문이다. 그러나 자세히 분석해보니 많은 체코인들이 제2외국어를 배우기 때문에(평균 3.5개 언어) 영어 하나만 말하는 사람들보다 어린 시절에 학습 부담이 더 컸다. '2살 이전'에 여러 언어를 사용한 사람들은 좀 더 자라서 다른 언어를 배운 외국인 다국어 사용자에 비해 공감각이 발달할 가능성이 훨씬 적었다. 따라서 이 결과는 일반적인 학습 가설을 지지한다. 쉬운 언어는 맞춤법이 까다로운 언어보다 공감각을 일으킬 확률이 더 낮다.

요람에서부터 모국어로 여러 언어를 사용한 사람들은 자소나 음소에 주의하는 것 이상의 메타언어 기술을 익힌다. 이들은 두 언어의 서로 다른 억양, 리듬, 강세, 음의 고저, 강도에 능숙해진다. 이는 나이가 들어서 제2외국어를 배우는 아이들보다 유리하며, 이러한 이점은 작업 기억working memory, 선택적 주의 집중selective attention, 그리고 서로 충돌하는 규칙과 입력 정보를 해결하는 능력 등 실행 기능 면에서 놀라운 수준으로 축적된다.

놀랍고 강력한 또 다른 발견은, 공감각의 발생 정도가 한 사람의 초기 언어 상황에 따라 크게 달라진다는 사실이다. 언어, 문화적 요인이 집단의 공감각 발생률에 영향을 미친다는 점을 고려하면, 더는 전반적인 공감각 발생률을 정확히 추정할 수 없다. 예를 들어, 순수예술에의 노출 및 훈련은 성인 집단에서 공감각 발생률을 7퍼센트까지 증가시킨다. 이처럼 언어에 기반한 변이는 단지 색깔-자소만이 아니라 모든 종류의 공감각에 적용된다. 일본인들은 영어 원어민들과 정반대되는 문제를 갖고 있다. 일본인들은 동일한 소리의 집합을 4개의 서로 다른 문자(히라가나, 가타카나, 한자, 로마자)에 대응시켜야 한다. 그렇다면 일본어를 모국어로 하는 사람들에게 공감각자 발생률이 가장 높다는 사실도 놀랍지 않다.

공감각이 기억력, 암묵적 학습(의식적인 노력 없이 학습이 이루어지는 것-옮긴이), 범주적 과제 학습에 도움이 된다는 사실은 이미 알려져 있다. 공감각은 어려운 개념적 자료, 특히 읽고 쓰는 능력에 관련된 기술을 익히는 데 유용하다. 어린아이들은 색깔을 구분하는 법을 먼저 배운다. 그러고 나서 4세에서 7세 사이에 읽기와 쓰기 능력을 다듬는다. 자소의 공감각 색깔도 그 이후는 물론이고 거의 같은 기간에 발달한다. 학습 가설은 이런 일들이 일어나는 동안 어떤 아이들은 자신이 가진 색-공간 지도를 옮겨, 배우기 힘든 글자, 단어, 시계, 달력, 음계, 그 밖의 다른 문화적 범주를 익히는 데 적용한다고 주장한다. 아이들이 일단 개념적인 색-공간을 글자와 연관시킬 수 있다면, 그것을 다른 감각양식과 개념을 나타내는 데에도 사용할 수 있을 것이다. 이것은 내가 앞서 짧게 언급했고, 로렌스 마크스Lawrence Marks 가 그보다 훨씬 전에 '덜 추상적이면서 동시에 더 조밀한 정보의 내용'이라고 불렀던 것이다.

현재 많은 연구자들은 색-자소 결합이 읽기를 배우는 동안 저절로 확립된다고 생각한다. 성인 실험 대상자들이 연합학습associative learning 설정에서 직접적인 공감각 체험을 끌어내는 데는 계속 실패하더라도, 기계적 암기를 통한 훈련으로 G가 초록색이라는 걸 배울 수 있을 것이다. 반면에 아이들은 풀, 완두콩, 나무, 크레용, 지폐 등 초록색 물체가 무엇인지를 배운다. 아이들은 체화된 지각embodied perception 안에서 초록색 물체와 신체적인 관계를 맺는다. 더 중요한 것은, 아이들은 이 사물들이 무엇을 '의미하는지' 배운다는 점이다. 그들은 G가 글자라는 것을 배운다. 그것이 자음이라는 것을 배운다. 문맥에 따라 jee[dʒi], group[grup], George[dʒiordʒ], ga[ga], gadget[gæd'dʒɛt], go[go], 심지어 enough[əf]에서는 f 소리가 난다는 것을 배운다. 그리고 그것이 초록색이라는 것을 배우게 된다.

4

공감각의 다섯 범주

수많은 공감각자를 대상으로 분석해보니 또 다른 패턴이 드러났다. 방대한 수의 공감각 유형이 서로 특징을 공유하는 다섯 집단으로 명확히 나누어졌다. 또 한 가지 흥미로운 사실은 이 집단들이 통계적으로 서로 독립적이라는 사실이다. 이는 각 집단이 개별적인 인과causal 메커니즘을 가졌을 가능성을 시사할 뿐 아니라, 더 나아가 공감각이 한 가지 현상이 아니라 신경이 혼선되어 나타난 연속적인 스펙트럼이라는 사실을 뒷받침한다. 그것은 자폐증이 오늘날 단일 실체가 아닌, 관찰 가능한 다양한 특성이 모인 스펙트럼(자폐성 장애 스펙트럼)으로 간주되는 것과 마찬가지다.

이처럼 신선한 통찰과 함께 우리는 공감각을 이 다섯 개 범주와 각 범주 안에 있는 수많은 감각의 결합을 아우르는 포괄적인 용어로 봐야 한다. 이런 개념 체계의 변화는 그동안 다루기 힘들었을, 지금까지 보고된 150여 개 유형의 공감각 집단에 구조를 세웠기 때문에 환영할 만하다. 어떤 공감각은 다른 공감각보다 더 흔한데(표 4.1 참조), 여기에는 설명이 필요하다. 좀 더 논리적인 체계를 갖출 수만 있다면, 주어진 패턴 내에서 더 근본적인 관계를 밝혀냄으로써 공감각의 과도한 연결성에 대해 더 깊

표 4.1 1,143명을 대상으로 한 공감각 유형의 빈도

공감각 유형	백분율	공감각 유형	백분율
감정 → 맛	0.26%	통증 → 맛	0.09%
감정 → 냄새	0.35%	통증 → 냄새	0.09%
감정 → 소리	0.09%	통증 → 소리	0.09%
감정 → 시각	3.24%	통증 → 온도	0.09%
맛 → 음악 소리	0.09%	통증 → 시각	5.43%
맛 → 온도	0.09%	성격→ 맛	0.35%
맛 → 촉각	0.53%	성격→ 냄새	0.70%
맛 → 시각	5.78%	성격→ 소리	0.09%
환경 소음 → 시각	16.21%	성격→ 촉각	0.09%
인격화, 자소 순서	4.65%	성격→ 시각적 분위기	6.49%
자소 → 소리	0.09%	음소 → 맛	N/A
자소 → 촉각	0.09%	음소 → 시각	7.45%
자소 → 시각	61.26%	고유감각 → 맛	0.09%
움직임 → 성격	0.09%	고유감각 → 시각	0.09%
움직임 → 소리	1.05%	환경 소음 → 맛	5.00%
움직임 → 시각	0.53%	환경 소음 → 동작	0.96%

어휘소 → 맛	2.89%	환경 소음 → 온도	0.53%
어휘소 → 냄새	0.61%	환경 소음 → 촉각	4.38%
어휘소 → 온도	0.09%	순서배열 → 공간 위치(수-형체)	N/A
어휘소 → 촉각	0.44%	온도 → 소리	0.09%
어휘소 → 시각	0.70%	온도 → 시각	1.84%
경상성 언어(*)	0.18%	티커 테이프 현상(*)	N/A
거울 촉각(*)	N/A	시간 단위 → 맛	0.09%
소리, 음표 → 시각	7.80%	시간 단위 → 소리	0.09%
음악 소리 → 맛	0.44%	시간 단위 → 공간 위치	N/A
음악 소리 → 성격	0.09%	시간 단위 → 시각	22.96%
음악 소리 → 공간 위치	0.09%	촉각 → 감정	0.26%
음악 소리 → 온도	0.09%	촉각 → 맛	1.14%
음악 소리 → 시각	18.05%	촉각 → 소리	0.35%
인격화, 비(非) 자소	N/A	촉각 → 온도	0.09%
숫자 → 맛	0.26%	촉각 → 시각	3.94%
냄새 → 맛	0.09%	시각 → 맛	2.98%
냄새 → 소리	0.44%	시각 → 동적인 움직임	0.09%
냄새 → 온도	0.09%	시각 → 냄새	1.14%
냄새 → 촉각	0.70%	시각 → 소리	3.07%
냄새 → 시각	6.13%	시각 → 온도	0.35%
오르가슴 → 맛	0.09%	시각 → 촉각	1.58%
오르가슴 → 시각	1.93%	(N/A = 자료 불충분)	

*경상성 언어(mirror speech): 문장의 음절을 거꾸로 말하는 것 – 옮긴이 주
*거울 촉각(mirror touch): 타인의 신체적 고통을 자신의 몸에서 느끼는 공감각 – 옮긴이 주
*티커 테이프(ticker tape) 현상: 상대의 입에서 나오는 단어가 눈에 보이는 현상 – 옮긴이 주

주: 백분율로 나타낸 수는 전체 인구 집단이 아니라 공감각자 내에서의 비율이다. 전체 인구의 약 4퍼센트가 공감각을 체험한다. 그렇다면 인구 44명당 1명, 즉 세계적으로 2억 4,600만 명이 자소 → 시각 공감각(글자와 숫자에서 색을 보는)을 체험하는 셈이다. 출처. 공감각, 션 A. 데이, http://www.daysyn.com/Types-of-Syn.html

이 이해할 수 있을 것이다.

앞에서 한 가지 공감각을 가진 사람은 두 번째, 세 번째, 네 번째 공감각을 가질 확률이 50퍼센트나 된다고 했다. 그렇다면 어떤 종류의 공감각적 결합이 공존할 가능성이 가장 크며, 또 그것이 왜 중요할까? 서로 매우 다른 공감각 결합의 표현 방식 사이에서 공통점을 찾는다면 신경, 그리고 최종적으로 분자 수준에서 이러한 비정상적인 결합에 대한 이해가 더 쉬워질 것이기 때문이다. 공감각 역사를 통틀어 지금까지는 알파벳에서 색을 보는 사람이 음악을 보고, 단어의 맛을 느끼며, 공간에서 수를 인지하게 될 가능성이 더 크다고 자신 있게 말할 수 없었다. 그러나 이제는 말할 수 있다.

온라인 공감각 테스트인 '공감각 배터리' 덕분에 어떤 공감각 유형이 서로 한데 묶이는지 파악되었다. 19,133명의 전체 응답자 중 일부는 서로 다른 공감각 유형의 상관관계를 통계적으로 분석할 수 있는 충분한 세부사항을 제공했다. 그림 4.1은 다섯 개 공감각 범주를 보여준다.

- 순서배열-색깔 공감각colored sequences: 순서대로 나열된 배열, 특히 알파벳, 한 주의 요일, 달력의 월, 숫자처럼 과잉 학습된 순서배열(시퀀스)에 반응해 색을 느낌.
- 음악-색깔 공감각colored music: 음, 화음, 조, 악기의 음색,

리듬, 그 밖의 음악적 특징에 반응해서 색을 느낌.

- 정서 지각affective perceptions(오감-색깔): **성격, 촉각(온도, 통증, 애무, 손찌검, 오르가슴), 식용적comestible 호불호(맛, 냄새)**와 관련해, 이로 인해 유인된 의식적 감정에 의한 자극에서 색을 체험함.

- 비시각적 결합nonvisual couplings: 비시각적 반응을 일으키는 모든 감각 및 개념(시각 → 냄새, 소리 → 맛).

- 순서배열의 공간적 인지spatial sequences: 과잉학습된 순서배열이 3차원 공간에서 구체적으로 나타남.

이 중 몇 가지를 자세히 살펴보기 전에, 공감각 반응으로 색을 체험하는 경우가 압도적으로 많다는 사실을 알아챘는가? 왜 그럴까?

흥미롭게도 공감각자들에게 자신이 보는 색을 자세히 설명하라고 하면, 대답이 크게 둘로 나뉜다. 그중 하나는 빈번한 '와우' 요인과 관련이 있다(영어로 놀라움을 나타내는 감탄사 'wow'를 말한다-옮긴이). 와우 요인은 보통 별로 대수롭지 않게 여겨지는 상황에서 감정을 고조시킨다. 예를 들어, 어떤 평범한 이름이나 날짜가 대단히 매혹적이기라도 하듯, 어느 거리의 이름을 '끝내주게 멋진' 것이라거나, 누군가의 생년월일을 '아주 즐거운' 것으로 묘사한다. 알파벳 A가 세상에서 가장 아름다운 분홍색으로

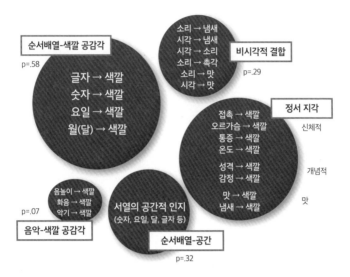

그림 4.1 공감각의 다섯 범주. *N* = 12,127. 각 범주의 원의 반지름은 해당 범주의 공감각이 독립적으로 표출될 확률을 비율로 나타낸 것임. 출처. Scott Novich, Sherry Cheng, and David M. Eagleman, "Is Synaesthesia One Condition or Many? A Large-Scale Analysis Reveals Subgroups," *Journal of Neuropsychology* 5, no. 2(2011): 353-371.

보이던 일곱 살짜리 아이를 기억하는가? 다른 면에서는 더할 나위 없이 상식적인 사람이 일상의 평범한 대상 앞에서 흥분하여 이렇게 말하는 모습을 보는 건 놀라운 일이다. "나는 암산을 정확하고 기쁘게 합니다.""거리 지도를 상상하는 게 대단히 만족스럽고 즐거웠습니다." 한 신경병리학과 교수는 뇌의 해부 구조를 설명하며 스스로 도취해 이렇게 말했다. "당신도 뇌의 아름다운 색 배열을 반드시 보아야 합니다." 공감각자가 아니면 누구도 이런 식으로 말하지 않는다(8장 참조).

공감각자들은 자신만의 논리를 따른다. 루리야의 S는 이렇게 말했다. "전 단어의 소리에 맞춰 ⋯ 뭘 먹을지 결정합니다. 마요네즈가 맛있다니 말도 안 돼요. 글자 3(러시아 알파벳)은 맛을 망칩니다(러시아어로 마요네즈는 майонез라고 쓴다 - 옮긴이). 먹고 싶은 생각이 전혀 들지 않는 소리예요." 공감각자 진Jean은 나이든 여성으로, 한번은 내게 "전 제 이름이 마음에 들지 않아요. 그래서 전 저를 알파벳 A로 시작하는 '알렉산드라Alexandra'라고 부릅니다. A는 가장 아름다운 색이니까요"라고 강조해서 말했다. 또 저절로 불쑥불쑥 나타나는 색깔 때문에 사람들의 이름에 강한 편견을 가지게 되어 곤란할 때도 있다고 한다. 진의 조카가 아이를 임신했을 때, 예비 엄마가 아기가 아들이면 이름을 폴이라고 짓겠다는 말을 듣고 진은 대단히 심란해했다.

폴이라는 이름은 정말 미운 색깔이에요. 회색에다 아주 못생겼죠. 난 조카한테 폴 빼고는 다 괜찮다고 했는데, 조카는 내 말을 이해하지 못했어요. 그 이름은 정말 색깔이 별로라고 말했죠. 아마 내가 정신이 나갔다고 생각했을 거예요. 뭐, 결국엔 내가 상관할 일이 아니라고 생각하고 말았어요. 어차피 조카 마음대로 하는 거죠. 어쩌면 그렇게 나쁜 이름은 아닐지도 몰라요. 하지만 나한테는 정말 끔찍해요. 그리고 이름의 색깔이 그 사람에 대한 느낌을 좌우해요.

강한 와우 요인은 감정에 관여하는 대뇌변연계가 공감각적 감수성에 중요한 부분임을 암시한다. 모든 사람이 다 그렇게 지나치게 놀라거나 과격하게 반응하는 건 아니지만, 전형적으로 공감각적 결합에는 감정이 들어 있다. 아무것도 느끼지 못하는 사람은 소수이며 그들의 추가 감각(감각질)은 그냥 제자리에 조용히 있을 뿐이다. 그러나 대다수 공감각자들은 자기가 얼마나 자신의 재능을 사랑하는지 청하지도 않았는데 열정적으로 설명할 것이다. 그들에게 이 재능을 잃는 것은 시력을 잃는 것보다 더 끔찍한 일이다.

정서적 지각 유형 가운데, 맛에서 색깔을 보는 경우를 생각해 보자. '공감각 리스트Synesthesia List(국제 공감각자 이메일 포럼 - 옮긴이)'를 관리하는 션 데이Sean Day 박사는 개인적으로 파란색 맛이 나는 음식을 좋아한다. 우유, 오렌지, 맥주는 각각 하얀색, 주황색, 호박색이지만, 션에게는 기분 좋은 파란색 느낌을 유발한다. 실제 색깔과 공감각적 색깔이 일치하지 않는 데서 오는 '외계 색alien color 효과'는 자소 공감각자들에게 가끔씩 나타나는 증상이지만, 션은 이를 늘상 경험한다. 션에게는 같은 파란색 음식이라도 색조가 다르다. 소고기는 어두운 파란색이고, 들소 고기는 색이 더 짙고 보랏빛이 도는 반면, 닭고기의 파란색은 밝은 하늘색이다. 맛에 바탕을 둔 션의 공감각에서 움직임, 모양, 질감은 추가적인 요소다. 션이 가장 좋아하는 조합은 '최신 유행하는 오렌지 소스를 곁들인 닭고기'다. 션은 독특한 공감각 질감과 색을 이리저리 쌓아 올리는 시도와 시행착오를 거쳐 이 요리를 개발했다. 션의 아내가 '재미는 있지만' 맛은 없다고 생각하는 이 요리는, 구운 닭가슴살 위에 바닐라 아이스크림과 오렌지 주스 농축액을 얹는다. 그리고 호박파이 퓌레를 밑에 깔아 작고 색색으로 빛나는 중간 보라색을 추가한다. 션은 "꽤 맛있습니다"라고 점잖게 말하지만, 많은 사람들이 보고 흠칫 놀랄 법한 이 창작품은 쾌락적 즐거움의 수준에 있어서 션에게 오르가슴이나 마찬가지다.

션의 공감각적 지각은 음색, 맛, 냄새 어느 것에 의해 유발되든지 항상 신체 외부의 3차원 공간에서 표현된다(그림 4.2). 색을 띤 모양과 질감은 속이 다 비칠 정도로 투명하며, 션의 눈높이에서 나타났다가 사라지는데, 아주 가까워서 션이 손을 뻗어 그 안을 훑을 수도 있다. 그럴 때 션은 아무것도 느끼지는 못하지만 '정적인 지각을 휘저어 잠시나마 역동적으로 만들 수 있다'고 한다. 이처럼 신체가 물리적으로 참여한 외적인 행위에서 비롯한 피드백이 순전히 내면에서 생성된 지각에 영향을 미친다는 사실은 놀랍기 그지없다. 이는 현상학 및 의식에 관한 연구에도 근본적인 질문을 던진다.

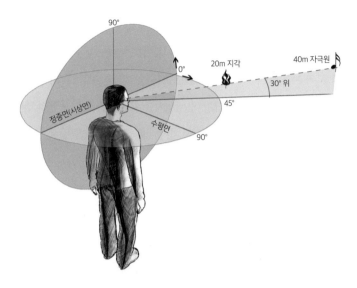

그림 4.2 션 데이가 환시를 보는 공간적 위치. 수평면에서 위로 약 30도, 정중면에서 옆으로 약 30도 정도다. 션 자신과 대상 간의 거리는 자극원(목소리 vs. 음악)에 따라 다양하다. 제공. 션 데이.

실제로 션은 자신이 '섬세함의 연습'이라고 말한 장난을 친다. 그는 공감각 색깔이 거의―그러나 아주 많이는 아닌―비슷한 색조를 지닌 음식끼리 배합한다. 이를테면, 시안cyan의 색조를 띠는 닭고기, 오렌지, 바닐라, 적포도주, 또는 밝은 주황색 색조를 지닌 라즈베리, 구운 오징어, 아몬드를 조합하는 식이다. 뚜렷한 대비를 만들어내는 것도 그를 만족시키는 또 다른 취미다. 밝은 주황색의 라즈베리와 짙은 보라색의 시금치 잎처럼 말이다.

와우 요인에 관해 말하자면, 션에게 정서적 충격은 냉장고를

열 때마다 불이 켜진다고 해서 더는 깜짝 놀라지 않는 것과 마찬가지로 '늘 거기에 있었고, 늘 그렇게 했다'는 익숙함 때문에 점차 줄어든다. 한때는 새로웠던 감각에 점차 익숙해지면서 션은 새로운 맛을 발견하는 게 점점 어려워졌다. 그래서 '한 번도 시도해본 적이 없는 음식을 사냥하는' 진기함을 좇는 취미를 만들었다. 그 사이, '공감각 리스트'는 남극을 포함한 6개 대륙, 46개국에 살고 있는 사람들로부터 수집한 지각 및 인지 경험으로 차려낸 스뫼르고스보르드Smörgåsbord(스웨덴식 뷔페-옮긴이)를 제공한다.

공감각자가 보는 색깔에 관한 흥미로운 두 갈래 의견 중 나머지 하나는 외부인은 물론 때로 공감각자 자신도 놀라게 한다. 눈앞에 보이는 색이 늘 그렇게 환상적이지는 않다는 사실이다. 엘렌은 "내 색의 대부분은 정말 옅고 바랜 것 같아요"라고 말했다. 이런 말을 들으면 다수의 공감각자들이 와우 요인에 대해 왜 그렇게 떠들어대는지 궁금해진다. "정말 이상해요. 강렬한 몇 글자를 제외하면 색깔이 거의 없어요. 빛바랜 파스텔화 같죠."

엘렌의 말은 무색증을 앓고 있는 비공감각자의 경험과 비슷하다. 무색증은 보통 시각 피질의 특정 부위에서 뇌졸중이 일어나면서 색시각이 소실된 증상이다. 이 비정상적인 상태에서는 색이 완전히 사라지지 않고 오히려 빛이 바랜 것처럼 보이는데, 한 환자는 이를 '마치 티브이에서 색상을 덜어낸 것 같다'고 표현했다. 예를 들어, '아름다운 분홍색 A'와 같은 사례는 덜 선명한 배경에서 더욱 두드러져 보이는데, 이 때문에 공감각자들이 이 예외적인 와우 요인을 더욱 의미심장하게 받아들이는지도 모른다. 다른 공감각자는 자신의 여러 알파벳 색깔이 '나 혼자 서라면 절대 고르지 않았을 이상하고 미운 색깔'이라는 사실에 당혹스러워한다. 또 다른 사람은 색깔 순서를 이용해 어떻게 전화번호를 외우는지 설명하면서 바로 다음과 같이 덧붙였다. "이런 색의 옷이라면 절대 입지 않을 거예요. 너무 끔찍하거든요."

이처럼 두 갈래로 나누어지는 공감각 색깔에 대한 설명 패턴의 이면에 무엇이 있는지 이해하려면, 일반적인 시각 정보와 특히 색시각color vision의 신경학을 살펴보아야 한다. 우선, 뇌에 입력되는 감각 중 무려 85퍼센트가 시각에서 온다. 그림으로 보여주더라도 시각이 도달하는 방대한 해부학적 범위는 한 장, 아니 여러 장으로도 그려내기가 불가능하다. 시각 네트워크의 경로는 일차시각피질인 V1에서 첫 번째 시냅스를 만들기 전까지만 보아도, 망막(정확히 말하면 뇌의 일부인), 시신경, 시각로부챗살optic radiation에서 시상, 뇌줄기(뇌간), 소뇌에 이르기까지 광범위하다. V1에서 나오는 출력은 곧이어 다음의 두 큰 흐름에서 시작해 시각의 다양한 측면을 계산한 20여 개의 서로 다른 피질 영역으로 투사된다. 그 하나는 물체의 인지, 즉 '내가 지금 무엇을 보고 있는가?'이고, 다른 하나는 위치의 인지, 즉 '어디에 있는가?'이다. 우리 눈에 도달한 빛을 더 상세하게 분석해보면 물체의 방향, 가장자리 감지, 깊이 지각, 움직임, 휘도, 색의 항상성color constancy, 공간 인식, 얼굴과 자소의 섬세한 인식 등과 연관되어 있다. 이처럼 여러 개로 나뉜 처리 과정을 한 문장으로 짧게 요약하면 다음과 같다. 시각은 대단히 세분되어 있다.

색의 의식적 경험을 뒷받침하는 신경 네트워크에서 중요한 한 가지 중심점은 V4라는 뇌의 해부학적 색상 처리 시설이다. 내가 뭐라고 표현했는지 주목하라. 나는 '색의 의식적 경험'이라고 했다. 색이 바깥세상에 객관적이고 물리적인 성질로 존재하지 않는다는 사실은 우리의 직관에 크게 어긋난다. 색은 '시각' 그 자체처럼 오로지 뇌에만 존재한다. 어떤 뇌는 물체의 표면에 색을 할당한다(인간, 유인원, 새, 곤충). 반면에 다른 뇌는 단색의 세계에 살거나(해양 포유류와 문어류), 대부분 흑백의 화면에 파란색과 노란색이 약하게 나타난다(개와 고양이). 많은 곤충이 자외선에, 파충류는 적외선에 민감하다. 황소는 색맹이다. 이 짐승이 투우사의 망토에 돌진하는 이유는 망토가 빨갛기 때문이 아니라 움직이기 때문이다.

'빨간색 파장'에 관한 이야기는 틀리다고 말하기도 뭣할 정도로 잘못 알려졌다. 빨간색 파장 같은 것은 없다. 프리즘 실험으로 빛의 무지개 굴절 패턴을 처음 밝혀낸 아이작 뉴턴은 1704년에 자신의 책 《광학》에서 이미 "광선에는 색깔이 없다.

이러저러한 색의 감각을 불러일으키는 특정한 성질이 있을 뿐이다"라고 썼다.

현대인이 이해할 수 있는 용어로 이러한 성질을 어떻게 설명할까? 그 답은 상대적으로 최근인 1989년에 수십 년간 마카크 원숭이를 대상으로 수행된 기초연구 결과 발견된 V4 구역에 있다. 놀랍게도 색깔은 시각의 다른 요소와 분리되어, 더 나아가 그 외에 뇌의 다른 영역에서 일어날지도 모르는 것들로부터 독립되어 그 자체로 생명력을 얻는다.

단어에서 색깔을 체험하는 공감각자들을 대상으로 촬영한 초기의 기능적 뇌 영상을 보면, 피험자가 말로 전달된 단어에 반응해 공감각 색을 느낄 때는 왼쪽 V4가 활성화되지만, 진짜로 색을 볼 때는 그렇지 않다는 것을 보여주었다. 이와는 반대로 오른쪽 V4는 실제로 색을 볼 때면 활성화되지만, 공감각 색을 체험하는 중에는 그렇지 않았다(이 결과는 예술성을 돋보이기 위해서라면 공감각이 우뇌의 기능이 되어야 한다고 생각한 사람들을 실망시켰다. 지면이 부족해 아쉽게도 이 책에서는 반구의 차이에 대한 오해를 바로잡지 못한다). 당시에는 공감각 색의 지각을 설명하기 위해 공감각이 뇌의 정상적인 색깔 지각 기능을 가로챈다는 결론을 내렸다. 여러 차례 반복한 끝에 이 연구 및 기타 연구의 결과는 공감각이 가짜라고 주장하면서 뇌 사진을 증거로 요구한 비판자들을 침묵시켰다.

그러나 진지한 연구자들을 찜찜하게 하는 문제가 남아 있었다. 그 하나가 시각장애인이나 색맹인 사람들이 어떻게 현실 세계에서는 절대로 볼 수 없는 공감각 색을 보는가 하는 것이다. V. S. 라마찬드란V. S. Ramachandran과 에드 허바드Ed Hubbard는 자신의 '화성의 색채'에 대해 얘기한 어느 색맹 남성을 예로 든다. 그는 망막의 S 원뿔세포 결핍으로 파란색과 보라색을 구분할 수 없었다. 그러나 입력된 언어, 성별, 정신적 개념과 비非광학적 정보가 V4를 자극해, 이 세상의 것이 아닌 듯한 공감각 색깔을 만들어냈다. 마찬가지로 시각장애 공감각자의 V4가 소리, 촉각, 맛으로부터 입력된 정보를 수신할 때 같은 일이 일어난다. 망막을 통한 일반적인 정보 입력을 우회하는 것은 시력이 정상인 공감각자들이 '기괴한', '추한', '이상한' 색상을 보는 이유이기도 하다.

자소 공감각과 관련하여, 뇌에서 자소를 인식하는 영역은 V4 색깔 영역에 인접한 좌뇌의 방추형이랑에 있다. 이처럼 물리적으로 근접해 있으므로 둘의 결합을 상상하기는 쉽다. 그러나 자소 인식과 달리 해부학적으로 V4에서 멀리 떨어진 영역에서 인식하는 맛, 통증, 촉각, 오르가슴과 연관된 색깔 공감각은 어떻게 설명할 수 있을까? 그렇다면 양쪽 V4가 모두 이러한 종류의 체험에 참여할 가능성이 크다. 실제로 뇌 기능 영상을 통해 이 부위가 활성화되는 것이 감지되었다.

순서배열-공간 공감각Spatial sequence synesthesia, SSS은 또 다른 문제를 제기한다. 그림 4.1을 보면 순서배열이 공간 속에서 특정한 형태를 이루는 이 공감각이 다른 공감각 유형과 전혀 묶이지 않는 것을 볼 수 있다. 9장에서 이 예외자를 더 자세히 다루겠지만, 일단 여기서는 다른 네 개의 범주와 상관관계를 찾을 수 없다는 것에 초점을 맞추자. SSS는 표면적으로 다른 유형의 공감각과 비슷해 보이지만, 아마 분명히 다른 메커니즘을 가지고 있을 것이다.

이러한 가능성은 가계 연구, 특히 쌍둥이 연구에서 증거를 찾을 수 있다. 우리는 우선 일반적으로 유전이 공감각 표현에 미치는 영향을 살펴야 한다. 35년 전에 나는 공감각의 유전성heritability에 관해 쓴 적이 있다. 공감각이 가계의 동 세대 또는 가까운 세대에서 나타난다는 사실은 공감각이 상염색체 우성유전을 통해 다음 세대로 전해지는 형질임을 강하게 드러낸다. 나는 자신이 공감각자라고 보고한 사람들 가운데 여성 대 남성의 비율이 3대 1로 높은 것에 주목했다. 공감각이 흔한 건 아니지만, 이렇게 여성의 수가 더 많은 것은 여전히 우성유전과 맞아떨어진다. 그런데 그 후 다른 조사에서는 여성 대 남성의 비율이 6대 1, 9대 1로 훨씬 높게 나타났다. 이처럼 높은 수치는 X염색체 우성유전으로만 설명할 수 있다. 즉, 공감각 능력이 있는 엄마는 자신의 X염색체를 아들(X염색체 하나와 Y염색체 하나를 가진)이나 딸(두 개의 X 염색체를 가진)에게 모두 물려줄 수 있는 반면, 공감각자 아버지는 자신의 형질을 오로지 딸에게만 물려줄 수 있다. 1,000건의 사례 중, 내가 드미트리 나보코프를 만나기 전에는 남성에서 남성으로 유전되는 사례가 알려진 적이 없었다. 나보코프의 할머니와 유명한 아버지 모두 자소 공감각자였다. 여기에서 '흑고니 가설'의 예시를 볼 수 있다. 만약 누군가가 세상의 모든 고니가 흰색이라는 가설을 세웠다고 하자. 여기에서 흑고니가 단 한 마리만 나타나도 그의 가설은 틀렸음이 증명된다. 내게는 나보코프 부자 간의 공감각 유전이 바로 그 흑고니로 보였다. 나중에 드미트리의 엄마인 베라 역시 공감각자였다는 사실이 밝혀진 것을 제외하면 말이다. 당시에는 드미트리가 부모 중 누구에게서 이 형질을 물려받았는지 결정할 수 없었다. 결과적으로 X염색체 우성유전은 한동안 공감각이 상속되는 가장 그럴듯한 방식이었다.

몇 년이 빠르게 지나고, 공감각이 아버지로부터 아들에게 전달된 사례들이 확인되면서, 공감각이 X염색체를 통해 유전된다는 가설도 무너졌다. 게다가 일란성 쌍둥이 중에 한 명만 공감각자인 사례를 통해 부정적인 증거가 추가로 드러났다. 그렇다면 다시 한 번 공감각은 상염색체 우성형질, 즉 성을 결정하지 않는 염색체(상염색체)에 의해 전달되는 단일 유전자의 영향을 받는 현상으로 볼 수 있다. 예를 들어, 단일 상염색체 유전자는 혀를 말 수 있는지, 페닐티오카바마이드에 혀를 대면 쓴맛이 느껴지는지 아니면 아무 맛도 느끼지 못하는지, 주근깨가 있는지, 귓불이 붙어 있는지, 턱이 갈라졌는지 등의 여부를 결정한다. 공감각이 상염색체로 유전된다는 사실은, 양쪽 부모가 모두 자손에게 공감각 형질을 물려주는 것뿐 아니라, 가계의 여러 세대에서 공감각이 나타나는 것을 설명할 수 있다. 그러나 다만, 어떤 표본 집단에서 여성의 비율이 6대 1이 넘는 높은 비율로 나온 것은 설명할 수 없었다. 당황스럽지만 우리가 고려해야 할 것은 역사적으로 공감각 연구 초기에 선정된 집단은 무작위로 추출된 표본이 아니므로 대표성이 없다는 점이다. 기울어진 성비를 설명할 수 있는 또 한 가지는 여성이 남성에 비해 특이한 경험을 표현하는 데 더 적극적이라는 점이고, 결국 이것은 사실로 판명되었다. 통계적으로 무작위적이며 충분히 큰 표본이 선별되자 성비는 1대 1로 나왔다.

그러나 주위에 공감각자 친척이 없는 공감각자의 능력은 어디에서 왔는지가 수수께끼다. 이처럼 홀로 존재하는 사람들은 자연 돌연변이에서 왔을 가능성이 큰데, 즉 공감각 유전자가 한 사람의 DNA에서 새롭게 발생했다는 뜻이다. 이들은 우리 눈앞에서 생겨난 진화적인 압력의 산물이다. 진화는 단순히 공감각이 소멸하는 것을 막을 뿐 아니라, 인구의 4퍼센트라는 높은 빈도를 적극적으로 유지한다. 왜 진화가 이런 일을 하는지가 이 책의 마지막 장에서 다룰 주제다.

현재로서는 일란성 쌍둥이와 이란성 쌍둥이의 비교 연구를 통해 유전자와 환경이 각각 공감각에 얼마나 기여하는지를 보다 자세히 파악할 수 있다. 이 연구는 아직 초기 단계이므로 관련 데이터를 해석할 때 주의해야 한다. 다양한 규모와 종류의 공감각 가족을 대상으로 한 초기의 쌍둥이 연구 결과, 여러 염색체에서 다수의 위치가 공감각과 연관되었다. 이는 하나의 유전자가 아니라, 비교적 여러 개의 유전자가 독립적으로 다양한 공감각 유형을 일으킨다는 사실을 강하게 암시한다. 이것은 '공감각들synesthesias'이라고 복수형을 사용할 때 주의해야 하는 또 다른 이유다. 왜냐하면 점차 공감각이라는 형질은 단일 현상이라기보다 수많은 표현형이 존재하는 스펙트럼을 형성하는 것으로 밝혀지고 있기 때문이다('공감각synesthesia'은 라틴어에서 유래한 용어로 문법적으로 정확한 복수형은 'synesthesiæ'이지만 너무 따지지 말자. 끝에 간단히 s를 붙이는 것으로도 문제없다).

복수의 유전자가 공감각에 영향을 준다는 것은 그리 놀랄 만한 일이 아니다. 2000년에 전체 인간 게놈의 DNA 염기 서열 지도가 발표됐을 때, 많은 사람들이 특정 질병과 관련된 유전자를 밝힐 수 있을 거라고 예상했다. 안타깝게도 연관성은 그리 단순하지 않았다. 이제 우리는 복잡한 질병들이 종종 여러 염색체에 흩어진 다수의 유전자와 연관되었다는 사실을 안다. 당연히 공감각도 마찬가지일 수 있다. 예를 들어 공감각이 감각신경성 난청과 유사하다면, 아마 수백 개의 유전자가 이에 관여할 것이다. 감각신경성 난청 역시 표면적으로는 '소리를 듣거나 못 듣거나'로 결정되는 단일 질환으로 보인다. 그러나 유전학자들이 한 세기 이상 유전성 청각장애를 연구한 결과 지금까지 이 질환에 영향을 줄 수 있는 유전자의 위치를 염색체 위에서 200개 이상 밝혀냈다.

인간은 23개의 염색체를 가지고 있는데, 그 안에 DNA 염기서열로 표현된 총 약 2만 개의 유전자가 들어 있다. DNA는 모든 생명을 만드는 단백질 제조 코드를 운반한다. 단백질은 세포의 골격 대부분을 구성할 뿐 아니라 몸에서 일어나는 거의 모든 생화학 작용을 실행한다. 최근 앨런 뇌과학연구소Allen Institute에서 측정한 바에 따르면, 뇌에서는 인간 유전자 중 무려 84퍼센트가 활성(또는 발현)된다. 이는 신체의 다른 어떤 부위와 비교해도 가장 높은 비율이다.

이 유전자들은 뇌의 발달과 기능, 즉 우리가 어떻게 움직이고 행동하는지, 어떻게 생각하는지, 어떻게 감정을 드러내고 의도를 가지고 행동하는지, 당연히 어떻게 지각하는지에도 영향을 준다. 공감각 쌍둥이 연구는 유전자는 물론이고 환경과 **후생유전**epigenetic(그리스어로 'epi'는 위 또는 옆이라는 뜻이다)이 공감각에 미치는 영향을 밝히는 데 도움이 될 수 있다. 후생유전은 자연적으로 일어나며, 특정 유전자를 켜거나 끌 수 있는 비유전자적 영향력을 말한다. 그리하여 후생유전은 세포가 단백질을 생산하는 방식에 영향력을 행사하고, 결과적으로 한 개인의 고유성에 영향을 미친다. 다음 문장으로 후생유전의 역할을 쉽게 기억하자. '후생유전은 유전자를 바꾸지 않으면서 표현형의 변화를 일으킨다.'[1] 쌍둥이에게서 보이는 차이의 후생유전적 요인 중 하나는 태반이다. 일란성 쌍둥이라도 드물게 태반을 공유하지 않는 경우가 있는데, 태반을 공유하는 일란성 쌍둥이는 각자 따로 태반을 가진 일란성 쌍둥이보다 외견상으로 더 동일할 수 있다.

나는 앞에서 공감각자는 과다연결을 구축하는 생물학적 성향(본성)을 물려받지만, 그다음에 태아기, 그리고 어린 시절에는 환경적 영향(양육)에 반드시 노출되어야 한다고 말했다. 어린 시절의 영향력은 알파벳, 음식 이름, 시간 단위, 음표, 음색과 같은 문화적 유물에의 노출을 통해 각인되는 것을 포함한다.

최초의 쌍둥이 공감각 비교 연구는 상당히 최근인 2015년, 한나 보슬리Hannah Bosley와 데이비드 이글먼에 의해 진행되었다. 이들은 순서배열-공간 공감각SSS의 하위 유형인 순서배열-색깔 공감각colored sequence synesthesia, CSS을 조사하여, 한 사람의 순서배열-색깔 공감각은 유전자, 후생유전적 힘, 환경 노출의 3중 영향을 받아 발달한다는 것을 명확히 밝혔다. 앞서 순서배열-색깔 공감각자 3,194명을 대상으로 한 분석에서, 알파벳 등 하나의 순서배열-색깔 공감각을 느끼는 공감각자의 79퍼센트가 서수 등이 관련된 두 번째 순서배열-색깔 공감각을 느꼈다. 이와 대조적으로 나머지 네 개의 공감각 범주에서 제2의 공감각을 가질 확률은 우연의 확률보다 높지 않았다. 표본의 크기가 크다는 것을 감안하면, 순서배열-색깔 공감각이 별개의 하위 유형이며 따라서 유전자 조사에 이상적임을 강력히 시사한다.

쌍둥이 비교 연구는 특별히 쌍둥이의 공감각 발현의 일치율 concordance을 조사했다. 일란성 쌍둥이에서는 일치율이 74퍼센트, 이란성 쌍둥이에서는 겨우 36퍼센트였다. 흥미롭게도 성별이 같은 이란성 쌍둥이는 순서배열-색깔 공감각에 대해 75퍼센트의 일치율을 보였고, 성별이 다른 이란성 쌍둥이는 14퍼센트에 불과했다. 이 결과는 이런 하위 유형의 공감각이 전적으로 유전적 방식에 의해 결정되는 것이 아니고,[2] 후생유전과 환경적 영향이 공감각 발현 과정에 상당한 역할을 한다는 사실을 보여준다.

이 매혹적인 결과를 어떻게 설명할 수 있을까? 우리는 일란성 쌍둥이가 태어났을 때는 많은 면에서 동일하지만, 삶의 경험과 후생유전적 사건 때문에 시간이 지나면서 달라진다는 것을 알고 있다. 더 나아가 우리는 문화적 유물에 대한 각인이 어린 시절에 일어난다는 것도 안다. 쌍둥이 중 하나는 냉장고 자석과 색깔 있는 장난감에 더 끌려서 순서배열-색깔 공감각이 발달하지만, 다른 하나는 그렇지 않을 수도 있다. 강력한 후생유전 요인인 DNA 메틸화(DNA 염기에 메틸기나 질소를 추가하여 유전자의 표현형을 제어하는 생화학 과정 - 옮긴이)를 더 잘 알게 된다면 이처럼 공감각 성향이 일치하지 않는 일란성 쌍둥이에 대해서도 많은 것을 알아낼 것이다. 일란성 쌍둥이는 언제나 성별이 같으므로 이 형제자매들은 경험과 환경 노출을 공유하는 수준이 높을 것이다.

이것이 사실인지 테스트하는 방법으로 일란성 쌍둥이의 색상 팔레트 간의 변이를 살펴볼 수 있다. 이들이 같은 것에 각인되었다면, 둘의 공감각 색깔도 비슷해야 한다. 안타깝게도 일란성 쌍둥이는 이란성에 비해 훨씬 드물어서, 현재로서는 확실한 결론을 도출할 표본 수가 부족하다. 이상적으로는, 어릴 때부터 시작해 장기적으로 진행하는 전향적 종단조사(장기간에 걸쳐 한 번 이상 자료를 수집하는 조사 방식 - 옮긴이)를 통해 이와 같은 연구가 제기하는 질문에 답할 수 있을 것이다.

현실에는 눈, 코, 귀는 물론, 피부와 뼈에 있는 대여섯 가지 감각 수용기를 만족시키는 많은 것이 존재한다.

그러나 조용하고 어두운 두개골 안에 갇혀 있는 뇌는 신체의 다양한 감지기를 통해 입력된 자료로 구성한 내용 외에 물리적 세계에 대해 아무것도 알지 못한다. 이 감지기들은 모두 같은 일을 한다. 다양한 종류의 물리적 에너지를 신경계 어디에서나 통하는 전기화학 신호로 변환하는 것이다.

망막은 우리가 가시광선이라고 부르는 전자기파의 주파수를 변환한다. 귓속의 달팽이관은 음압파의 역학적 에너지를 번역한다. 피부, 근육, 관절에 있는 각종 수용기들은 역학 에너지와 열에너지를 해석한다. 그리고 코와 입에 있는 수용기는 화학 에너지를 뇌가 패턴 식별에 사용하는 공통 언어로 전환한다. 인지, 지각, 행동의 기초가 되는 모든 접속은 동일한 신호 코드를 사용한다.

생각해보면 이것은 놀라울 뿐 아니라 직관에도 크게 어긋나는 일이다. 생리학적으로 보면 시각, 가려움, 냄새를 구성하는 신호에는 별 차이가 없다. 망막과 달팽이관에서 보내는 신경 자극이 엄지발가락에서 오는 자극과 전혀 다르지 않다는 말이다.

그러나 개인적으로 우리는 오감을 분리된 것으로 느끼고 개별적인 것으로 의식한다. 어떻게 된 걸까? 어떻게 우리는 연기의 냄새와 종이 울리는 소리를 전혀 힘들이지 않고 구분할 수 있을까? 내가 앞에서 뇌는 우리의 각종 말초 감지기로부터 들어오는 전기화학 신호로 현실을 '구성한다'라고 말한 것에 주목하라. 그것은 다음과 같은 사실 때문이다.

뇌는 신호가 들어오기를 기다리는 수동적인 안테나가 아니다.

대신 뇌는 흥미를 유발하는 것이면 어떤 자극이든 적극적으로 찾아나서는 탐험가다. 이 지구에서 우리는 물리학자들이 뭉뚱그려 '플럭스flux'라고 부르는 거대한 전자기, 열, 화학 에너지 장 안에 살고 있다. 그러나 뇌는 매초마다 투하되는 방대한 양의 플럭스를 모두 받아들이지 못한다. 그래서 이 에너지를 읽어낼 적합한 감지기 외에도, 에너지의 일부만 걸러서 추출하는 강력한 필터가 필요하다. 바로 이 역설이 각자만의 고유한 관점 뒤에 자리잡고 있다. 뇌는 시간을 따라 특정한 환경 안에서 발달하면서 전에도 없었고 앞으로도 존재하지 않을 한 사람을 만들어낸다. 많은 사람들이 상상하듯 뇌가 수동적인 수신기에 불과하다면, 우리는 모두 세상을 같은 방식으로 인식하고, 같은 관점을 가지게 될 것이다. 그러나 당연히 우리는 복제 인간이 아니다.

이와 대조적으로, 구글 지도를 작성하는 자동차들은 동일한 관점을 가진다. 구글맵 자동차는 거리를 운행하며 모든 것을 차별 없이 기록한다. 반면, 같은 거리를 걷고 있는 두 사람은 같은 가게, 식당, 행인을 보면서도 서로 전혀 다른 것에 눈이 갈 것이다. 사람들은 서로 다른 것을 궁금해한다. 사람들은 자신이 마주한 것에 각각 다른 가치를 부여한다. 각자 다른 평생의 경험—학습의 또 다른 말—이 관점의 고유성을 강화한다.

우리의 뇌는 영화 〈매트릭스〉에서 묘사된 방식처럼 어딘가에 접속해 수동적으로 지식을 흡수할 수 없다. 그럴 수 있다면 굳이 장기간의 학교교육이 필요하지 않을 것이다. 여기서 학교교육은 교실에서 행해지는 정규교육만을 의미하는 게 아니다. 세상에 태어난 아기가 학습하기 위해서는 기어다니고, 손을 뻗어 만지고, 보고, 따라하고, 듣고, 목소리를 내고, 손에 들어오는 것마다 입안에 넣는 행동을 통해 적극적으로 주위 환경을 탐험할 필요가 있다. 이처럼 물리적 세계와 그 안에 있는 사람들로 이루어진 도제 관계는 체화된 지각의 한 예다. 태어나서 줄곧 어둠 속에서 자란 두 마리 새끼 고양이를 대상으로 한 1963년의 유명한 실험은 이를 잘 보여준다.

이 실험에서 한 고양이는 원통 안을 스스로 자유롭게 탐색할 수 있는 반면에, 다른 고양이는 첫 번째 고양이의 움직임에 따라 평행하게 움직이는 곤돌라 기구 안에 수동적으로 타고 있다 (구글 검색 창에 'Held and Hein'이라고 치면 이미지를 볼 수 있다 - 옮긴이). 곤돌라 안의 수동적인 고양이는 외부와의 상호작용을 시도한 다른 고양이와 똑같은 것을 보았지만 마치 갓 태어난 것처럼 시력이 좋지 않았다. '곤돌라 고양이'를 업그레이드한 최근 실험에서는, 어느 미국 어린이의 중국인 보모를 영상으로 찍은 다음, 다른 어린이에게 영상을 틀어주고 첫 번째 어린이와 똑같은 것을 보고 듣게 했다. 중국인 보모와 직접 소통한 첫 번째 어린이는 제법 많은 중국어를 습득한 반면, 영상만 본 다른 아이는 중국어를 전혀 배우지 못했다. 첫 번째 어린이는 보모와 신체적으로 부딪히면서 서로 깨닫지 못한 사이에 어조, 몸짓, 눈을 마주치는 방식, 상대의 감정을 읽는 법을 받아들였기 때문이다.

성장 과정과 환경이 내가 앞서 1장에서 말한 고유한 '현실의 결'을 낳는다. 이제 우리는 새로운 공리를 규정할 수 있다.

공감각자들의 '현실의 결'은 나머지 사람과 다르다.

우주의 대부분은 빈 공간이다. 별, 행성, 사람 등 우리가 육안으로 또는 과학 도구로 볼 수 있는 물질, 그리고 우리 자신을 이루는 물질은 우주가 가지는 질량과 에너지의 불과 4퍼센트밖에 안 된다. 미 항공우주국NASA은 우주가 68퍼센트의 암흑에너지와 27퍼센트의 암흑물질로 이루어졌다고 추정하는데, 그 말은 우주에 존재하는 것 대부분이 눈에 보이지 않는다는 뜻이다. 암흑물질은 빛과 상호작용하지 않으므로 직접 볼 수 없다. 하지만 천체를 끌어당기는 중력을 측정해 그 존재는 확인할 수 있다. 그러나 우주 전체의 95퍼센트가 우리의 감각 밖에 있다면, '객관적 현실'이라는 게 대체 무슨 의미가 있을까?

입자와 파동은 어디에나 존재하는 힘으로 전 우주에 스며들어 있다. 심지어 진공 상태에서도 입자는 끊임없이 존재하거나 사라진다. 이러한 복사 현상은 규모가 어마어마해서 파장의 범위는 10억 배 이상 차이가 난다. 그러나 우리가 감지할 수 있는 가시광선 영역은 전체의 10조 분의 1도 안 된다(그림 5.1). 그리고 그 영역 안에서 우리 뇌는 1,600만 개 이상의 개별 색상을 창조한다(게다가 앞 장에서 색깔은 바깥세상이 아닌 우리의 뇌에 존재한다고 말한 것을 떠올려보라).

이 재주는 꽤나 인상적이지만, 우리는 여전히 우주의 지극히

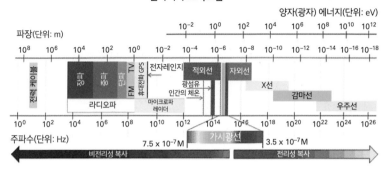

전자기파 스펙트럼

양자(광자) 에너지(단위: eV)

10^{-2} 10^{0} 10^{2} 10^{4} 10^{6} 10^{8} 10^{10} 10^{12}

파장(단위: m)

10^{8} 10^{6} 10^{4} 10^{2} 10^{0} 10^{-2} 10^{-4} 10^{-6} 10^{-8} 10^{-10} 10^{-12} 10^{-14} 10^{-16} 10^{-18}

전력케이블 | 장파 장파 단파 FM TV 휴대전화 GPS | 전자레인지 | 적외선 | 자외선 | X선 | 감마선 | 우주선

라디오파 마이크로파 레이더 광섬유 인간의 체온

주파수(단위: Hz)

10^{0} 10^{2} 10^{4} 10^{6} 10^{8} 10^{10} 10^{12} 10^{14} 10^{16} 10^{18} 10^{20} 10^{22} 10^{24} 10^{26}

7.5×10^{-7}M 가시광선 3.5×10^{-7}M

비전리성 복사 전리성 복사

그림 5.1 인간은 10억 배 이상 차이 나는 우주 에너지 스펙트럼 가운데 10조 분의 1에도 미치지 못하는 지극히 일부만을 감지한다. 우리는 그저 전자기파 스펙트럼의 다른 구역을 인지할 생물학적 감지기가 부족할 뿐이다. 그래서 우리의 현실 즉 '움벨트'는 우리가 지각할 수 있는 것만으로 구성된다. 그러나 감각 치환 장치 또는 달팽이관이나 망막 이식 같은 뇌-기계인터페이스를 사용하면 움벨트를 바꾸거나 확장할 수 있다.

작은 일부에 맞춰진 소인국 백성에 불과하다. 매초마다 전파, 엑스레이, 우주선線과 휴대전화 대화가 우리 몸을 통과하지만 우리는 이를 인지할 생물학적 감지기가 없다. 인간의 감각 중추는 세상에 존재하는 거대한 현실에 접근조차 못 하지만, 우리는 순진하게도 우리가 아는 것이 세상의 전부라고 가정한다. 이 좁은 자기 참조적 현실이 우리의 움벨트umwelt(개체가 주관적인 입장에서 고유한 방식으로 인식하는 세계를 말한다 - 옮긴이)를 구성한다. 움벨트란 한 생물체가 계속해서 살아왔고, 또 지각할 수 있는 환경을 정의한 19세기 독일 용어다.[1]

뱀과 그 밖의 파충류는 먹이를 추적하기 위해 적외선 열 감지기를 이용한다. 새와 벌의 움벨트는 편광 및 자외선에 영향을 받고, 음파를 탐지하는 박쥐와 돌고래의 움벨트는 음압파에 의존한다. 개는 인간의 한계치보다 훨씬 높은 소리를 듣는 것으로 유명하고, 고래목과 코끼리는 저주파 음파를 통해 사회적으로 소통한다. 뱀, 설치류, 곤충, 조류는 모두 지진이 임박했음을 안다. 다만 이들이 지하수의 변화, 전기장 및 자기장의 변이, 진원지 주변의 저주파 파장에서 대량으로 쌓이는 양이온에 대한 반응 중 어느 것으로 지진을 감지하는지는 알려져 있지 않다. 노루와 일부 새들은 지구의 자기장에 민감하고, 전기장은 뱀장어, 상어, 단공류의 움벨트를 풍성하게 한다. 거미줄은 거미 자신보다 몇 배나 큰 하나의 대형 감각기관이다. 거미줄의 진동 패턴은 그 안에 갇힌 먹잇감의 위치를 신호로 알려준다.

모든 생물은 자신의 움벨트가 객관적인 존재 전체라고 가정한다. 한 사람이 감지할 수 있는 것 이상의 무엇이 있다면 왜 궁금하지 않겠는가? 그러나 생물종은 주위의 플럭스 중 어떤 부분은 사용하고, 우리가 그러듯 어떤 부분은 무시함으로써 주어진 환경에서 번성하고 그 외 다른 곳에서는 살아가지 못하게끔 진화해왔다. 이와 같은 민감도의 차이는 각 생물에게 고유한 '현실의 결'을 준다. 우리는 어떤 꽃이나 새를 보며 매혹적이라고 생각하지만, 그들의 무늬는 우리가 아니라 꽃가루 전달자나 미래의 짝을 기쁘게 하려고 진화했다. 갯가재mantis shrimp는 자외선과 편광에 민감한 16개의 색 수용기를 갖고 있다. 갯가재는 화려한 색깔로 보이므로, 감지기의 수가 많은 것은 공작 꼬리처럼 성적인 표현과 관련이 있을지도 모른다. 우리는 갯가재가 자기들 눈에는 서로 어떻게 보일지 상상만 할 수 있다. 외계 생명이, 그것도 아주 많이 존재한다. 바로 여기, 이 지구에.

색맹은 움벨트의 한계를 망각한 전형적인 예를 보여준다. 색맹인 사람들은, 다른 사람들이 자신은 보지 못하는 색을 볼 수 있다는 사실을 알게 될 때까지 애초에 그 색깔에 대해 생각조차 하지 못한다. 선천적 시각장애인도 마찬가지다. 시력이 없다는 것은 원래 무언가 보여야 하는 곳에서 블랙홀을 경험하는 게 아니다. 인간이 개의 예민하고 풍부한 냄새의 세계를 알지 못하는 것처럼(개는 땅속 3미터 아래 묻어놓은 것의 냄새도 감지할 수 있다), 시각장애인 역시 본 적도 없는 어떤 장면을 놓치고 있는 게 아니라 그저 눈으로 볼 수 있는 전자기파가 이들이 가진 움벨트의 일부가 아닐 뿐이다. 그래서 이들은 본다는 것이 무엇이고 보지 못한다는 것은 또 무엇인지에 대한 판단 기준이 없다. 움벨트는 머릿속에서조차 상상할 수 없는 가능성과 인간의 이해가 미치지 못하는 지식의 한계를 잘 보여주는 개념이다.

공감각자들은 색다른 '현실의 결'을 갖고 있다. 왜냐하면 나머지 사람들보다 더 큰 움벨트를 가졌기 때문이다.

우리는 다양한 주변 감지기의 생리에 대해 잘 알고 있다. 또한 감각 수용기가 맨 처음 점화된 순간부터 판단, 예측, 기억 및 여러 가지 인식의 측면을 포함하는 가장 높은 수준의 대뇌피질에 이르기까지 지각의 여러 측면이 처리되는 과정에 대해서도 많은 것을 알고 있다. 그럼에도 불구하고 우리는 아직 결합문제binding problem를 해결하지 못했다. 결합문제란 지각의 여러 측면이 하나의 전체로 통합되는 과정(4장 참조)을 말한다. 일례로 우리는 토스트에 '노란+달콤한+끈적거리는+어질어질한'이라는 각각의 구성 요소가 아니라 '꿀'이라는 단일체를 발라 먹는다. 비록 이것들이 꿀을 지각하는 개별 속성임에도 불구하고 말이다. 이와 비슷하게, 우리는 어디선가 사과가 날아올 때, '빨갛다+둥글다+먹을 수 있다+어떤 방향에서 나에게 오고 있다+어떤 속도로 움직이는 무엇'이 아닌 하나의 사건으로 경험한다. 심지어 이 각각의 특성은 뇌의 서로 다른 위치에서 서로 다른 속도로 처리된다.

시각 네트워크 안에서 발생하는 시간 차이만 보더라도, 하나의 개념적 완성체를 만들기 위해 조각을 이어 맞추는, 이미 충분히 어려운 조립 과정이 얼마나 더 복잡해지는지 알 수 있다. 뇌는 약 100밀리세컨드의 차이로 물체의 동작에 앞서 색깔을 먼저 계산하고, 형태를 인지하기 전에 동작을 인지한다. 동시에 일어나지 않는 속성들을 봉제선 하나 없이 정상적으로 통합된 하나의 전체로 봉합하는 일은 굉장히 어렵다. 공감각은 이 '결합문제'의 철학적이고 신경학적인 관점에 또 다른 과제를 던진다. 결합문제는 '원래 함께 움직이지 않게 되어 있는' 지각의 측면들이 함께 움직이는 현상으로서의 공감각을 새로운 방식으로 보게 만든다. 공감각이 감각질을 추가한다는 점에서 우리는 공감각을 일종의 초결합superbinding으로 생각할 수 있다.

결합 규칙은 공감각자와 비공감각자 양쪽 모두에 존재한다(그림 5.2). 두 집단 모두 예를 들어 높은음이 낮은음보다 크기가 작으며, 시끄러운 음이 부드러운 음보다 더 밝다는 것에 동의한다.

그림 5.2 감각적 느낌의 여러 측면 사이에서 일어나는 타당하고 규칙적인 관계는 다른 변수와 함께 증가하고 감소한다(예를 들면, 왼쪽 그래프는 '단조적monotonic이다'). 예를 들어 어두워질수록 크기가 커지고, 소리가 시끄러워지고, 음이 낮아진다. 색깔 점화color priming는 관찰자를 동요하게 만들어 색을 붉게 바꾼 백포도주가 진짜 적포도주일 것이라고 믿게 만든다. 냄새와 맛에 대한 판단 또한 영향을 받는다.

부드럽고 딱딱한 질감 역시 밝기와 비슷한 방식으로 짝을 지었다. 이것이 모든 사람의 의식 아래에서 일어나는 체계적이고 직관적인 교차 결합의 예다. 감각의 대응은 보통 정반대되는 것끼리 정렬된다(밝고 어두움, 강하고 약함, 빠르고 느림). 이는 유아기에서도 뚜렷하며, 서로 다른 문화에서도 일정하게 나타난다. 심지어 서구 세계에 노출되지 않은 문맹 부족조차 어두운 회색보다 밝은 회색을 더 높은 음과 짝지었다. 요리사나 심리학자라면 잘 알겠지만, 냄새도 밝기 및 강도에 대응시킬 수 있다. 우리는 보통 색이 진한 액체의 맛과 냄새가 색이 옅은 것보다 더 강하다고 생각한다. 그리고 누군가 몰래 붉게 물들인 백포도주를 맛보고도 일말의 의심 없이 그 향과 맛이 적포도주와 같다고 말한다.

눈이 배보다 더 많이 먹는다며 어머니에게 야단맞은 기억이 있는가?(원문은 'one's eyes are bigger than one's stomach'로, 먹을 수 있는 양보다 더 많이 취하려는 경우, 즉 욕심이 많다는 말이다 – 옮긴이) 자, 우리는 진짜 눈으로 먹는다. "이거 맛있어 '보인다'"라는 말은 "이것은 맛이 '좋을 것이다'"라는 문장처럼 미래형이 아니다. 훌륭한 요리사라면 우리가 같은 음식을 눈을 가리고 먹었을 때보다 훨씬 맛있게 만드는 시각적이고 기타 감각적인 측면까지 고려한다(어둠 속에서 식사를 하는 이상하게 인기 있는 식당도 있지만, 한 번 방문한 손님은 다시 그 식당을 가거나 집에서 그 경험을 반복하는 일이 없다).[2] 예술을 모방하기 위해, 먹을 수 있는 조각상을 만들거나 음식을 멋지게 차려내는 일에 열중하는 유명 요리사도 있다. 대뇌피질에 있는 두 개의 미각 영역은 시각 영역뿐만 아니라 청각과 촉각 네트워크에도 피드백된다. 예를 들어 소리, 입안에서의 느낌, 턱 근육의 저항감 모두 어떤 음식의 바삭함이 주는 만족감에 영향을 미친다. 여러 가지 감각이 동원되는 것은 어떤 것이 먹을 수 있는지 아닌지, 그렇다면 얼마나 맛있을지 판단하는 것뿐 아니라 맛을 구분하는 데에도 중요하다. 아이러니하게도 우리는 이런 종류의 판단을 할 때, 미각을 제외한 다른 모든 감각에 의지한다.

런던에서 키친시어리kitchen-theory.com라는 웹사이트를 운영하는 세 명의 미슐랭 요리사가 맛, 질감, 색, 향, 밀도, 온도에 초점을 맞춘 13개 코스로 된 공감각 저녁 메뉴를 준비해 일반인에게 예약을 받는다. 그림 5.3은 그 샘플 메뉴다.[3] 한 코스에서는 요리사 요제프 유세프Jozef Youssef가 크기는 같고 색깔, 질감, 온도, 맛—당연히 서로 다른 감각에 속한 속성—이 다양한 네 가지 음식에서 '원형圓形'의 공간적 성질을 탐구했다.

메뉴에 있는 애피타이저 부바와 키키bouba&kiki는, 다양한 언어권에 있는 사람들에게 두 개의 모양(하나는 뾰족뾰족하게 생겼고, 하나는 둥글둥글하게 생겼음 – 옮긴이)을 보여주고, 외계어인 부바와 키키 중 하나를 골라 이름을 정하게 한 유명한 게슈탈트 실험을 따라한 것이다. 이 실험에서 98퍼센트가 뾰족한 모양을 키키라

샘플 메뉴

*메뉴는 진행 중인 연구와 계절에 따라 달라질 수 있습니다.

네 가지 맛 - 카나페

주름 사이에서 - 카나페

부바와 키키 - 카나페

신께 바칩니다 - 옥수수, 콩, 두더지

류진스의 하인 - 해파리, 참깨, 멸치 육수

란돌프씨의 바닷가 요리 - 굴, 유자, 샬롯(작은 양파)

마리네티 - 바다 송어, 콩 진주, 템페(인도네시아 발효 음식)

지구의 맛 - 버섯, 카사바(열대 지방의 나무), 호밀 흑빵

창조의 처음과 끝 - 오리고기, 비트, 로켓

감칠맛 교육 - 파르메산 치즈, 버섯, 감초

들리는 그 무엇도 믿지 마시오 - 초콜릿, 패션프루트(백향과), 셀러리

시바스의 감각 탐험 - 치즈, 시바스 리갈 12년(위스키)

마법 한 숟갈 - 페티 포(작은 케이크)

체험료는 최대 10명까지 2,200유로*

*13가지 코스 요리, 봉사료, 부가가치세 포함. 환영 음료와 세심하게 선택한 와인은 무료입니다.

그림 5.3 미슐랭 요리사 요제프 유세프, 옥스퍼드대학 미식물리학자 찰스 스펜스, 키친시어리 팀이 제공하는 공감각 만찬 메뉴.

고 했다. 왜냐하면 'kiki'라는 단어의 날카로운 어조가 '키-키'라는 소리, 그리고 입천장에 대고 혀를 아치형으로 움직이는 모양을 흉내내기 때문이다. 반대로 물방울 같은 둥근 윤곽은 '부바'라는 소리와 운동 근육 굴곡에 더 가깝다. 키친시어리에서는 절반으로 자른 접시에 이 두 카나페를 제공하면서 시각과 맛에

서 어느 것이 부바이고 키키인지 정하도록 요청했다.

색은 우리가 맛을 지각하는 방식을 크게 좌우한다. 보라색 포도를 파란색 접시에 담으면 어딘가 어색해 보인다. 그리고 그러한 색깔 대비에서 오는 착시는 많은 수준에서 영향력을 행사한다. 옥스퍼드대학 교차감각 연구소 찰스 스펜스Charles Spence 소장은 음식을 담은 그릇의 색깔이 우리가 상상하는 것 이상으로 맛을 좌우한다는 사실을 입증했다. 모든 컵의 크기가 같고 컵 안쪽이 하얀색이라면, 코코아를 주황색 컵에 따랐을 때가 하얀색이나 빨간색 컵에 담았을 때보다 맛이 더 좋다고 여긴다. 분홍색 용기에 담긴 음료를 훨씬 달게 느끼고, 갈증이 날 때에는 파란색 용기에 담긴 음료를 찾는다. 갈색 포장지에 담긴 커피 원두는 다른 것보다 맛이 더 강할 것이라고 생각한다.

음식을 파란색 접시에 담아내면 손님이 더 적은 양을 먹는다는 사실이 알려진 뒤, 1930년대 대공황 기간에 '파란 접시 스페셜'이라는 용어가 한창 유행했다. 또한, 음료를 붓는 소리와 온도 사이에도 관계가 있다. 사람들은 유리잔, 종이컵, 플라스틱 컵에 액체를 붓는 소리만 듣고도 그 액체가 뜨거운지 차가운지 정확히 구별한다. 물을 부을 때 나는 소리의 특징을 인위적으로 조정하면 온도에 대한 지각도 달라진다.

맛의 판단에는 모양도 영향을 미친다. 각진 접시는 요리의 선명함을 강조한다. 그릇의 무게도 중요하다. 그릇이 무거울수록 먹는 양에 상관없이 만족감을 느낀다. 상표도 강력한 힘이 있다. 사람들은 자신이 마시는 음료가 비싸다는 걸 알면 더 맛있다고 말한다. 또한, 소비자들이 농약을 사용해 통상적으로 재배한 채소와 유기농 채소의 차이를 느끼지 못한다는 반복적인 조사 결과도 있다. 비록 시험에 참여한 사람 중 30퍼센트는 유기농 채소가 더 맛있다고 생각했지만 말이다. 음식을 보이지 않게 숨기고 내놓거나, 검은색 도자기나 유리그릇에 담겨 있을 때조차 '기대'와 '믿음'이 실제 지각된 맛을 강하게 덮는다.

시각적 단서가 없으면 맛을 구별하는 게 불가능할 수도 있다. 적녹 색맹인 남성의 8퍼센트는 거의 익지 않은 스테이크와 완전히 익은 스테이크를 구별하지 못한다. 지나치게 익힌 스테이크는 질기기 때문에 쉽게 구분할 것 같지만, 시각적 단서의 유무가 다른 신호보다 훨씬 중요하다. 이것은 맛이 우리 입이 아닌 머릿속에 존재한다는 사실을 다시 한 번 확인시켜준다.

식탁 위의 예술은 요리사들이 시각적으로 화려한 작품을 앞다투어 선보였던 루이 14세 시대만큼이나 오늘날에도 활기차다. 음식은 그 어느 것보다도 뇌의 활성도를 조절한다는 점도 잊지 말자. 기분 좋은 분위기에서 마시는 커피 한 잔이나 맛있는 식사는 다양한 신경전달물질의 수치를 급격하게 바꿔놓는다. 우리가 보통 'taste'라고 부르는 것은 'flavor'의 일부다. 'flavor'는 미각, 후각, 열감, 질감, 고유감각적 차이가 모두 조합된 포괄적인 용어로, 우리가 경험하는 가장 다감각적 경험 가운데 하나다.

만약 감각이 한때 학계가 주장했던 대로 서로 분리된 통로를 따라 이동하는 오감으로 명확히 구분되는 게 아니라면 듣고, 보고, 또 범주를 나누는 게 과연 무슨 의미가 있겠는가? 또한 감각을 어떻게 정의할 것이며, 이미 감각의 각 부분이 특성을 공유하는 다른 감각과 단단히 엮여 있는데 어떻게 전체를 부분으로 나누겠는가?

예를 들어, 당신이 지원자들을 모집해 이틀 동안 가리개를 씌워 눈을 가리면, 그들의 일차시각피질(V1)은 새삼스레 촉각, 소리, 구어에 반응하기 시작한다. 그다음 가리개를 벗기고 불과 12시간이 지나면 V1은 원상태로 돌아와 망막 신호만을 인식하게 된다. 손가락과 귀로 '보는' 능력은 원래 그곳에 있던 다른 감각들로 입력된 정보에 의지하지만, 눈이 신호를 입력하는 동안에는 사용되지 않는다.

이러한 결과는 동굴 속의 완벽한 어둠 속에서도 자신의 손을 볼 수 있다고 말한 아마추어 동굴 탐험가들의 보고서를 떠올린다. 실험실에서 확인한 결과도 이러한 주장의 사실성을 뒷받침한다. 적외선 안구 추적을 해보면 적어도 50퍼센트의 사람들이 빛이 전혀 없는 상태에서 손의 움직임을 따라 눈을 움직이는 것을 알 수 있다. 추적 안구운동(천천히 움직이는 물체를 따라가는 눈의 움직임-옮긴이)은 실제로 따라갈 물체가 있지 않고서는 속이는 것이 불가능하다. 이는 누군가에게 당신의 손가락을 왼쪽에서 오른쪽으로 따라가며 보게 한 다음, 손가락 없이 방금 눈의 움직임을 흉내내보라고 하면 확인할 수 있다. 그들의 눈은 천천히 움직이지 않고 잽싸게 움직일 것이다.

위의 실험 대상자 중 누구도 실험자가 어둠 속 그들 앞에서 손을 흔드는 것을 보지 못했다. 이것은 자신의 움직임에 대한 고유감각proprioception(고유수용성감각)이 이미지 합성에 반영된다는 사실을 암시하는 중요한 사항이다. 수술로 안구를 제거한 사람들도 이른바 '환상목 증후군phantom vision'을 겪으면 주관적으로 보기 위해 무의식적으로 고유감각에 의존한다. 예를 들어 시력을 잃은 한 병사는 자신의 허벅지를 쓰다듬으면서 동시에 다리를 바라보았다.

누구에게나 잠재된 교차감각 연결을 드러내는 더 쉽고 흔한 방법은 한 감각을 다른 감각으로 대체하는 것으로, 1969년에 폴 바크이리타Paul Bach-y-Rita에 의해 처음 발표된 일련의 연구가 있다. 예를 들어 우리는 혀를 단순한 미각 기관이라고 생각하지만, 그 안에는 촉각 수용기도 장착되어 있으므로 뛰어난 뇌-기계 인터페이스가 될 수 있다. 만약 디지털 비디오를 집어넣은 직사각형 전극 망을 혀에 올려놓으면, 사용자는 놀랍게도 그 결과 발생하는 촉각 패턴을 모양, 크기, 거리, 운동 방향, 다시 말해 시각에 속하는 속성으로 해석한다. 이렇게 하기 위해 많은 훈련이 필요한 건 아니다.

자연적으로 시력을 잃었거나 눈가리개를 한 사람도 모두 입 안에 전극 격자판을 올려놓은 후 곧바로 장애물이 있는 경로를 다니거나 공을 잡는 법을 배울 수 있었다. 어떤 종류의 입력이 든 상용화된 '브레인포트(BrainPort) V100'이라는 장치와 연결 될 수 있다. 이를테면 혀 위의 격자판으로 입력된 수중 음파 신 호 덕분에 잠수부들은 탁한 물속에서도 '볼' 수 있다. 한편, 적외 선 입력은 밤에도 병사들에게 360도 야간 시야를 확보해준다. 대체된 감각기관이 수월하게 작동하는 이유는 뇌가 데이터의 출처를 신경쓰지 않기 때문이다. 뇌가 보는 것은 결국 여러 감 각기로부터 다양한 통로를 거쳐 도착한 전기화학 신호로, 이는 신경계의 공통 화폐나 다름없다. 아주 오랜 연습 끝에 뇌는 어 떤 신호에서도 능숙하게 패턴을 추출하고 의미를 부여할 수 있 게 되었다. 손가락으로 돌기의 패턴을 느껴 그 의미를 읽는 브 라유 점자를 생각해보라. 이제 막 시력을 잃어 브라유 점자를 배우는 사람들에게, 글자를 읽는 손가락에 대응하는 피질의 감 각 지도는 현재 그들의 뇌에서 더는 사용되지 않는 시각 피질로 크게 확장된다. 이것은 뇌의 유연한 가소성plasticity의 좋은 예다.

한 감각 입력에 대해 작동하는 것은 다른 감각 입력에 대해서 도 똑같이 작동한다. 그 말은 진화 과정 중 자연이 뇌를 지속적으로 재설계하지 않아도 되었다는 뜻이다. 일단 중추신경계의 작동 원리가 제대로 돌아가면 다음엔 주변 감지기만 새롭게 진화하면 된다. 감각의 대체는 뇌가 실제로 보편적인 작동 원리를 갖고 있음을 보여준다. 뇌의 범용적 특성 덕분에 실리콘밸리 기술을 달팽이관과 망막—우리의 전기화학적 생명 작용만큼이나 낯선 장치—에 이식했을 때, 그것이 제대로 작동하는 것은 물론이고 사람들에게 '의미 있는' 청력과 시력을 줄 수 있는 것이다.

현실은 자기 밖에 존재하는 무언가가 아니다. 두개골의 조용한 어둠 속에 둘러싸인 채, 뇌는 내면의 움벨트를 하나의 이야기, 한 사람의 주관적 세계의 현실로 엮어낸다.

은유에 관해서 말하자면, 그것은 단순히 추상적이고 시적인 언어가 아니라, 앞에서도 말한 것처럼 신체적 경험에 바탕을 둔 '체화된' 이해다. 공감각과 은유는 '어둠은 또한 강하다' 같은 지각의 유사성이 '나는 그것이 숫자 2라는 것을 안다. 왜냐하면 하얗기 때문이다'와 같은 공감각적 동등물로 대체된다는 점에서 둘 다 언어에 선행한다. 그런 다음 이것들은 '좋은 것은 위, 나쁜 것은 아래' 같은 공간적 은유나 '생각은 광원이다'와 같은 존재론적 은유로 진화한다. 마침내 언어는 '눈부시다brilliant(훌륭해)!', '그거 정말 밝은bright(좋은) 아이디어야', '네가 무슨 말 하는지 보여see(알겠어)'와 같은 구절로 더욱 정교하게 다듬어진다. 은유는 이질적인 것들 가운데 유사성을 드러낸다. 그리고 발달 과정에서 언어에 선행하는 공감각이 없었다면 '시끄러운loud(정신없는 색깔의) 넥타이', '따뜻한 색깔', '달콤한 사람'과 같은 은유를 이해하지 못했을 것이다.

공감각은 기억, 체화된 지각, 은유적 사고가 어떻게 서로를 끌고 당겨 '그녀의 이름은 초록색이었다'라는 문장이 말이 되도록 만드는지 보여준다. 우리는 굳이 그 은유적 의미를 설명하지 않아도 '차가운 심장'이란 말을 자연스럽게 이해한다. 그림 5.4에서, 우리가 어떻게 전적으로 은유적인 이미지 안에서 기억을 나타내는지 보라.

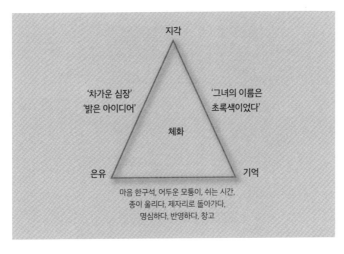

그림 5.4 지각, 기억, 은유가 모두 서로 맞물려 있고 체화된다. 우리는 신체가 뇌에 부여하는 기준에서부터만 상상할 뿐이다.

기억에 관하여 말하면, 기억의 보관은 기억을 인출retrieval하는 것만큼 제한 요소가 되지 않는다. 왜냐하면 우리가 받아들이고 체화하는 것은 맨 처음 문맥에 따라 색깔을 입고, 연상의 거미집에 있는 다수의 피질 저장소에 보관된 다음, 나중에 전혀 다른 맥락에서 되불러오기 때문이다. 결과적으로 우리가 매번 무언가를 기억할 때마다 그것은 다른 모습이다. 모든 회상은 원래의 사건에서 중요하고 의미 있는 세부사항을 골라 재구성된다. 그리고 현재 상황이 다시 한 번 그것을 덮어버리기 때문에, 어떤 의미에서 모든 기억은 거짓이다. 이렇게 말하는 게 선문답처럼 들릴지도 모르지만, 결국 모두 매한가지다.

화학 감각: 오렌지는 꺼끌꺼끌, 커피는 기름진 초록색 맛, 흰색 페인트 냄새는 파란색

미각과 후각은 근본적으로 두 가지 점에서 다른 감각과 다르다. 망막의 감지기는 '전자기' 에너지를 뇌가 이해하는 신호로 변환한다. 반면에 접촉, 열, 차가움, 통증, 진동, 가려움, 관절 운동, 힘줄 스트레칭에 대한 각종 촉각 수용기는 '기계적인' 힘이 수용기의 형태를 변형시킬 때 근육, 뼈대, 피부신경으로 신호를 보낸다. 청각, 평형, 고유감각도 마찬가지로 사실상 기계적으로 작동한다. 음압파가 고막을 밀면, 그것이 3개의 작은 뼈로 된 귓속뼈를 움직인다. 귓속뼈에서 증폭된 힘이 달팽이창을 통과한 다음, 차례로 달팽이관 속의 액체에 시동을 걸고, 그것이 유모세포를 움직이면 청신경이 전기 자극을 내보낸다. 사람의 평형감각은 중력을 이용해 반고리관(고리 모양으로 서로 직각을 이루는 3개의 관) 속에 있는 아주 작은 평형석(이석, 귓속의 돌)을 움직이고 제자리로 돌아오게 한다는 점에서 기계적이다(스노글로브의 눈보라가 가라앉는 것을 떠올려보라). 평형석이 움직이며 다른 종류의 유모세포를 자극하면 이것이 안뜰신경(전정신경)으로 전기신호를 보낸다.

이와 달리 맛과 냄새는 공기 중에 떠 있거나 침과 점액에 녹아 있는 휘발성 분자에 저장된 화학 에너지를 변환한다. 그래서 화학 감각chemosensation이라는 용어를 사용한다. 미각과 후각은 미각을 후각의 문제로 여길 만큼 서로 얽혀 있으므로 맛을 이야기할 때는 'flavor'라는 포괄적인 용어를 사용하는 게 타당하다. 감기 바이러스에 공격을 당하면 입맛이 없어진다. 바이러스가 코와 입에 있는 특정 단백질과 선腺분비물을 교란하여 후각을 손상하기 때문이다.

우리가 보통 맛flavor이라고 부르는 것은 단맛, 짠맛, 쓴맛, 신맛, 감칠맛의 기본적인 맛과 더불어 냄새, 온도, 질감, 그리고 입과 턱에서 오는 고유감각 피드백을 구분하는, 정말로 복잡한 지각이다('taste'와 'flavor'는 둘 다 '맛'으로 번역되지만, 'taste'는 혀로 느끼는 기본적인 맛에 한정된 반면, 'flavor'는 기본적인 다섯 가지 맛에 향, 질감, 시각적 요소 등을 포함한 포괄적인 뜻이다 – 옮긴이).[1]

빈약한 미각 수용기와 비교했을 때 우리는 거의 1,000개에 달하는 후각 수용기를 갖고 있는데, 순수한 맛보다 향의 종류가 훨씬 많은 것은 그 때문이다. 게다가 향은 두 가지 경로를 통해 뇌에 도달한다. 코에 있는 수용기와 목구멍 뒤에 있는 두 번째 수용기가 그것이다. 두 경로는 서로 다른 주관적 지각을 일으킨다. 우리는 코를 킁킁거리게 되는 것을 냄새라고 쉽게 식별하면서도, 정작 우리가 맛이라고 부르는 게 상당 부분 후각 수용기를 자극한 결과라는 점은 알지 못한다.

후각이 미각에 미치는 효과를 직접 확인하려면, 코를 부여잡거나 집게로 집은 상태로 다양한 음식의 맛을 보면 된다. 여기에 눈까지 가린다면 대부분의 음식이 얼마나 단조롭고 아무 맛도 나지 않는지 알 수 있을 것이다. 아마 사과와 양파, 커피와 차도 구분하지 못할 것이다. 후자는 오히려 약간의 쓴맛과 불쾌감만 줄 텐데, 왜냐하면 맛보다는 향이 그 음료의 복잡미묘한 특성을 설명하기 때문이다. 내가 앞으로 맛이라는 말을 사용할 때는 기본적인 맛과 냄새 모두를 뜻한다.

미각과 후각은 생리학적인 측면 외에 해부학적으로도 다른 감각과는 차별된다. 이를 도식적으로 표현하면, 중추신경계로 들어가는 모든 감각 입력은 종점인 시상하부의 머리 신경절로부터 똑같이 여섯 개 시냅스만큼 떨어져 있다. 시상하부는 해마hippocampus에서 다섯 개 시냅스만큼 떨어져 있다. 맛과 냄새는 뇌줄기의 일부인 시상thalamus이라는 주요 중계소로 신경이 연결되지 않는다는 점에서 특별하다. 대신 이들은 전두엽 아래

쪽 표면을 구성하는 후각뇌rhinencephalon(라틴어로 '냄새 맡는 뇌'
라는 뜻) 피질로 직접 신경이 접합한다. 시상을 거치지 않고 우회
하므로 미각과 후각은 기억 형성에 매우 중요한 기관인 해마에
서 겨우 세 개 시냅스만큼 떨어져 있을 뿐이다. 이러한 구조적
배열 때문에 다른 감각적 지각에 비해 향기와 맛이 다감각적 기
억을 유발하기 쉬운 것으로 보인다.

후각성 교차 결합은 사람들이 아는 것 이상으로 훨씬 흔하며,
그림 5.2에 예시된 일반적인 법칙과도 일치한다. 엄밀히 말해
우리 모두 어느 면에서는 공감각적이다. 우리는 언제나 바닐라
향에서 달콤한 냄새가 난다고 생각한다. 달콤함은 맛의 영역인
데도 말이다. 사실, 어느 언어에서나 '달콤하다'라는 말은 냄새
를 묘사할 때 가장 자주 쓰이는 형용사다. 한 연구자가 140명의
피험자들에게 딸기향을 묘사하라고 했더니, 79퍼센트가 달콤한
냄새가 난다고 말했으며, 불과 43명만이 딸기 냄새라고 답했다.
바나나향을 내는 데 사용되는 아밀아세테이트 같은 유사한 예
에서도 같은 결과를 얻었다. 냄새를 맡았을 때, 많은 사람들이
딸기나 바나나처럼 구체적인 사물을 떠올리기보다 '달콤하다'
같은 미각적 특성을 지각했다.

우리는 퓨스puce, 에크루ecru, 카넬리안carnelian, 버디그리verdigris,
버밀리언vermillion, 비리디언viridian, 샤르트뢰즈chartreuse, 세룰
리안cerulean, 젠션gentian, 애저azure, 알리자린alizarin, 울트라마

린ultramarine, 아쿠아마린aquamarine, 터쿼이즈turquoise, 비터스위트bittersweet, 시나바cinnabar, 틸teal, 토파즈topaz, 토우프taupe, 푸치샤fuchsia, 오커색ochre, 엄버umber, 시에나sienna, 러셋russet, 세피아sepia, 서리스cerise, 코랄coral, 카민carmine, 인디고indigo, 카키khaki와 같은 미묘한 색을 표현하는 엄청난 수의 색 어휘를 갖고 있다. 심지어 버건디burgundy, 마룬maroon, 코도반cordovan, 모브mauve처럼 비슷비슷한 색깔에도 별개의 이름을 붙인다. 아이러니하게도, 냄새가 맛에 미치는 지대한 영향력에도 불구하고 냄새를 설명하는 단어는 많지 않다. 대신 우리는 달콤한, 날카로운, 밝은, 바삭한, 부드러운, 매콤한, 기름진 등 다른 감각에서 어휘를 훔쳐 냄새를 표현한다. 꽃의floral, 과일의fruity, 곰팡이의moldy, 톡 쏘는acrid, 연기의smoky, 왁스의waxy, 답답한stuffy 등 우리가 냄새에 가장 자주 사용하는 단어들은 주어진 냄새 자체를 묘사하기보다 그것의 원인을 가리킨다.

다른 공감각 유형과 마찬가지로, 공감각적 맛의 신뢰도—예를 들면 단맛(검사-재검사 매칭으로 측정된)—는 장기간 안정적으로 유지된다. 신뢰도 평가의 유효성은 달콤한 향을 설탕 용액에 넣었을 때 단맛이 강화되는 당도 향상—식품 가공업자들이 늘 이용하는 조작—과 같은 현상으로 확인된다. 음식의 신맛을 줄이기 위해 달콤한 향을 사용할 때는 반대 현상이 일어난다.

맛flavor(기본 맛과 향을 모두 포함하는)은 공감각적 지각을 유도하거나 또는 다른 감각양식에서 비롯한 공감각에 의해 생겨날 수 있다. 어느 쪽이든 맛에 뿌리를 둔 지각은 전체 공감각 체험의 약 6퍼센트로 드문 편이다. 맛은 흔히 시각, 촉각, 혹은 두 가지 모두 해당하는 색깔, 움직임, 그리고 모양을 유발한다. 반대로 접촉이 맛을 유발한 사례로는, 맨손으로는 음식을 들고 먹을 수 없는 한 여성이 있다. 이 여성은 질감에서 비롯한 '맛 때문에' 몇몇 사람들과는 악수하지 않는다고 말했다. 한 남성의 오르가슴은 쇠 맛을 남겼는데, 이것은 측두엽 발작 전조 가운데 하나인 금속성 맛을 연상시키는 흔치 않은 후유증이다. 두 경우 모두 고도의 자율신경계 방전autonomic discharge이 특징이다.

그러나 공감각성 맛은 단어, 소리, 음악, 그리고 조, 음색, 리듬, 음정과 같은 음악적 특성에서 더 흔히 발생한다. 소리와 자소에서 색을 보는 사람들은 대개 하나의 균일한 색상을 감지하지만, 화학 감각은 움직이고, '아른거리고', '그늘지고', '얼룩덜룩하고', 가장자리가 다른 색으로 '테두리 진' 복잡한 모양과 색을 유발한다.

감각적 느낌의 혼합

1장에서 설명한 바와 같이, 마이클 왓슨과의 작업은 마이클이 저녁 식사에 초대한 손님들에게 생각 없이 '닭고기 맛이 아직 덜 뾰족하다'라고 말한 것을 계기로 시작되었다. 나는 우리의

118

초기 연구에 관한 이야기를 《모양을 맛보는 남자》에서 풀어놓았다. 마이클과의 작업 중에 금방 드러난 사실은 그가 맛을 초월하는 감각질을 느끼고 본다는 점이다. 마이클이 경험한 느낌은 '몸 전체를 통해', 그러나 주로 얼굴, 손, 어깨에서 느껴지는 강렬하고 즐거운 것이었다. 마이클은 양손으로 공감각성 사물을 만져 감촉을 느끼거나 때로 조작할 수도 있었다. 가끔은 움직임과 깊이감이 팔 길이만큼 바깥쪽으로 떨어진 곳에 있는 가장자리, 질감, 또는 그 밖의 다른 감각질을 향해 마이클을 조금씩 밀었다. 맛이 시각적 이미지를 생성하는 때도 있었다. 예를 들어, 오렌지 추출물은 '직사각형 문으로 들어오는 올리브그린 얼룩'을 유발했다. 그러나 마이클에게 시각적 형상은 소리를 통해 더 자주 나타났다.

3, 4학년 때 매주 목요일마다 학교에서 〈뮤지컬 픽쳐〉라는 라디오 프로그램을 들었어요. 그 프로그램을 들으며 음악이 말하는 것을 그림으로 그렸는데, 그 수업에 매료되었죠. 나는 음악을 들으면 그걸 그릴 수 있었고, 실력이 꽤 좋았어요. 반에서 소리를 듣고 사물로 그려내는 걸 제일 잘했죠. 생생하게 기억해요. 그게 그 시절 내가 가장 좋아했던 일입니다.

마이클은 형상에 대한 뛰어난 기억력을 갖고 있어서 예전에 접했던 모양은 힘들이지 않고 기억할 수 있었지만, 그 모양을 일으키는 맛은 기억하지 못했다. 마이클은 요리를 좋아했지만 절대 레시피를 따라하지 않았고, 대신 요리가 이런 느낌이었으면 좋겠다는 대강의 아이디어를 가지고 시행착오를 통해 그때그때 재료를 조절했다. 그는 맛을 '더 둥글게' 만들기 위해 모양을 수정하거나, 좀 더 '경사를 주거나', 수직선에 좀 더 무게감을 주기 위해 '모퉁이를 날카롭게 다듬거나', 전체적인 질감을 나타내는 모양에 '뾰족함'을 추가했다.

마이클의 묘사는 대단히 상세했다. 바나나 추출물은 '둥글고 바로크 몰딩처럼 조각되었고', 장뇌는 '서류 가방의 직사각형 손잡이' 같았다. 꿀은 '광을 낸 지팡이처럼 길고 직선 모양에 돌기가 있었다'. 복숭아 잼의 냄새를 맡을 때는 구체球體를 느꼈지만, 맛을 보면 그가 손가락을 찔러 넣을 수 있는 '볼링공 같은' 구멍이 추가되었다. 멘톨은 '어딘가 감질나고 이상한' 느낌이 들며 마이클의 고개를 왼쪽으로 돌려 '이리저리 움직이게' 한다. 코앞에 그를 앞쪽으로 끌어당기는 뭔가가 있다. 딸기 추출물은 '구체의 위쪽 절반처럼' 둥글고 강렬하고 '섹시하다. 그것도 1에서 10까지 점수를 매기자면 10점짜리다.' 그는 이런 느낌을 얼굴과 목에서부터, 아래로는 가슴 중앙까지 느꼈는데 자신이 지금까지 느껴왔던 것 중 가장 아래쪽이었다.

AJ는 자신이 느끼는 공감각 모양이 오로지 냄새에 의해서만 유발된다는 점을 제외하면 마이클과 비슷하다. AJ는 내가 마이클을 만나고 몇 년 후에 펜실베이니아 주립대학에서 개발한 표준 '냄새 식별 검사'를 받았다. 이 검사는 긁으면 냄새가 나는 40개의 패치로 구성되어 검사-재검사 과정이 수월하다. 이 검사에서 AJ는 냄새를 오로지 네 개의 도형 중 하나와 매치시켜야 했다(표 6.1).

일반적으로 맛은 모양보다 색을 더 자주 불러온다. 맛과 냄새의 밀접한 관계를 고려하면, 맛은 공감각을 불러오는데 냄새는 그렇지 않다고─또는 그 반대로─말하는 사람들의 주장은 예상 밖이다. 예를 들어, 뮤리엘 놀런은 다중 공감각자, 즉 소리가 촉감, 색, 공간적 위치를 동시에 불러오는 사람이다. 그러나 맛과 냄새 중 놀런이 색깔을 경험한 것은 맛이 아니라 냄새뿐이었다.

내가 가장 정확하게 기억하는 것은 향이에요. 우리 가족은 새집으로 이사할 준비를 하고 있었는데, 아빠가 사다리에 올라가 왼쪽 벽에 칠을 하시던 게 생각나요. 왜 파란색 냄새가 나는데 페인트는 하얀색일까 궁금했던 게 아직까지 기억나요.

1911년 준 E. 다우니June E. Downey가 최초로 보고한, 맛에서 색을 보는 공감각 사례는 색깔이 공간으로 확장된다는 특징이 있었는데, 그 말은 입안의 각각 다른 위치에서 색을 느꼈다는

표 6.1 AJ의 냄새나는 모양

냄새	AJ의 식별	설명
피자	피자	위에서부터 내려온 검은색 구부러진 화살
풍선껌	풍선껌	넓은, 모두 채워진
멘톨	멘톨	키가 큰 모양, 완전한 기둥 모양은 아님, 가장 윗부분이 살짝 구부러짐
체리	체리	파도 모양
엔진 오일	엔진 오일	버섯
박하	박하	평평한, 풍선껌처럼 채워지지 않음
바나나	바나나	동그란 모양
정향	정향	창끝 모양
가죽	가죽	아랫입술
코코넛	코코넛	넓게 펼쳐진 모양
양파	양파	격자무늬 집합
후르트펀치	후르트펀치	갓 아래쪽이 나선형으로 올라가는 버섯
진저브레드	진저브레드	화살, 아래쪽을 향하는, 뾰족하게
라일락	라일락	드릴 날 같은 모양
복숭아	복숭아	위쪽으로 갈수록 가늘어지는 넓은 냄새
루트 비어	루트 비어	옅은, 높은, 올라가는 모양
파인애플	파인애플	냄새의 층
라임	라임	가장자리가 부드러운 평평한 곳
오렌지	오렌지	검은색 드릴 날, 약 60센티미터의 키가 큰 냄새
윈터그린	윈터그린	다 해진 가장자리
수박	수박	평평한 접시 모양, 창으로 만든 원형
풀	풀	평평한, 냄새가 넓게 퍼지는
연기	연기	창끝 모양
소나무	소나무	위쪽으로 움직이는
포도	포도	크고 채워진, 빵 반죽처럼 부푸는

뜻이다. 분홍색과 라벤더색 맛은 서로 어울렸고, 빨간색과 갈색은 어울리지 않았으며, 파란색 맛은 한 번도 경험한 적이 없었다. 달콤한 맛은 검은색이고 때로는 '찬란했다'. 쓴맛은 탁한 주황색-빨간색이고 화끈거렸다. 짠맛은 수정처럼 맑은 반면에 신맛은 초록색이고 시원했다. 어떤 음식의 실제 색깔이 공감각적 색과 충돌할 때, 그 결과는 가장 '불쾌했다'.

다우니의 실험 대상자는 다중 공감각자였고, 때로는 모순되는 방식으로 촉각에 색을 할당했다. 초록색은 '기분 좋은 느낌'을 가졌지만, 그렇다고 촉각에 어울리는 색은 아니었다. 파란색-초록색은 '완벽하게 끔찍했고', 시각과 촉각 모두와 어울리지 않았다. 라임 캔디의 색깔은 '예쁘지만', 그렇다고 '특별히 기분 좋은 맛'은 아니었다. 여기에서 예시한 충돌은 자소 공감각자에게서 관찰되는 외계 색 효과와 매우 비슷한 구체적인 감각적 성질에 기초한다.

말의 의미semantics는 VE에게서처럼 중요한 역할을 할 수 있다. VE는 흔치 않은 양방향성 공감각자다. VE에게 냄새는 색을 불러오고, 반대로 채도가 높은 색은 냄새를 불러온다. 밝은 노란색은 레몬 맛이 나고 네이비블루는 짜다. 단어의 의미는 CR에게도 비슷한 영향을 준다. CR은 마커펜이나 페인트통을 만지면 그 색깔에서 냄새가 느껴진다. "보라색 펜은 포도 냄새가 나요"라고 그녀는 말한다. "열려 있는 페인트통을 보면 배가 고파요. 먹고 싶을 지경이라니까요." 맛에서 색을 느끼는 공감각은 자기 보고 사례의 불과 2퍼센트에서만 발생한다. 아래의 음소-맛 공감각 부분에서 단어의 의미가 공감각에 미치는 영향에 대해 좀 더 이야기하겠다.

소설가 조리스카를 위스망스Joris-Karl Huysmans(1848-1907)는 공감각자가 아니었지만, 그가 쓴 소설《거꾸로A Rebours》에서 주인공은 자신이 소장한 리큐어들을 사용해 맛이 소리를 부르는 교향곡을 작곡한다.

그는 모든 리큐어의 맛이 각각 특정한 악기의 소리와 상응한다고 생각했다. 예를 들어, 드라이 퀴라소curaçao는 꿰뚫는 듯한, 벨벳 같은 음을 내는 클라리넷 같다. 퀴멜주kummel는 낭랑한 비음의 음색을 가진 오보에, 크렘 드 망트crème de menthe와 애너셋anisette은 달콤하면서도 시큼하고, 부드럽고, 날카로운 플루트와 같다. 오케스트라를 완성하기 위해 키르쉬kirsch는 거칠게 트럼펫을 불고, 진과 위스키는 요란한 코넷과 트롬본 소리로 입천장을 들어올린다. 마르크 브랜디는 귀청이 떨어질 것만 같은 소리를 내는 튜바와 어울린다. 반면에 심벌과 베이스 드럼에서 들리는 뇌성은 아라크주arak와 유향주mastic가 온 힘을 다해 부딪히고 때리는 소리다.

이것은 예술적 재간, 즉 감각적 느낌을 결합한 지적 발상에 토대를 둔 가짜 공감각으로 보인다. 오늘날에도 비슷한 노력을 찾을 수 있다. 런던의 영국 왕립예술대학교의 디자인 엔지니어 이창희는 〈에센스 인 스페이스Essence in Space〉라는 작품을 제작했는데, 이것은 '향수 산업의 향기 분류 차트와 음악을 공감각적으로 조화롭게 연결하기 위한 노력'이다.[2]

공감각자의 맛

"당신은 왜 식당에 음악을 틀어놓는지 아십니까?"라고 루리야의 연구 대상자 S가 물었다. "그건 음악이 모든 것의 맛을 바꾸어놓기 때문이지요. 음악을 제대로 고르기만 한다면, 모든 것이 맛있을 겁니다. 식당에서 일하는 사람들은 그걸 아는 게 분명해요." 다양한 자극원이 그에게 맛을 느끼게 한다("여기에 있는 이 울타리는 아주 짠 맛이 나고 느낌이 매우 거칩니다"). S는 특별히 소리와 단어에 반응했다. 50헤르츠 높이의 음을 들려주면 '가장자리가 혀처럼 붉은 어두운 배경에 갈색 줄'을 보았다. "그 맛은 … 달콤하고 신 보르쉬borscht(러시아식 수프-옮긴이) 같았습니다." 음을 2,000헤르츠까지 높이 올리면, "빨간색-분홍색의 불꽃놀이처럼 보입니다. … 그리고 추한 맛입니다. 그러니까 아주 짠 피클처럼 말이지요." 발췌한 음악 모음집을 들으며 그는 말했다. "나는 혀에서 음악의 맛을 느낍니다. 맛을 느끼지 못하면 음악도 이해하지 못해요." 루리야에게 알파벳의 모양을 설명하면서 S는 이렇게 말했다. "또한 나는 각각의 소리에서 맛을 체험합니다." 이 말은 S가 5중 공감각으로도 모자라 추가로 구체적인 음소의 맛을 느낀다는 뜻이다. 4장에서 S가 "나는 단어의 소리에 따라 … 무엇을 먹을지 결정한다"라고 말했던 것을 떠올려보라.

크리스 폭스는, "제가 보거나 듣는 거의 모든 것에 강한 맛과 냄새가 있습니다"라고 말했다. 그가 보는 글자와 숫자에는 색, 냄새, 성별, 그리고 성격이 있다. 반면에 어떤 모습과 소리는 맛, 촉각, 모양, 색을 불러일으킨다. 음악학 박사과정 학생인 캐슬린 S는 오보에나 피아노를 연주할 때면 맛에 압도된다. 때로는 그 맛과 냄새가 너무 불쾌해서 연주를 멈춰야 할 정도다. 이런 증상이 연주 예술가로서의 경력에 미칠 영향을 생각하면 당연히 기분이 좋을 리가 없다.

최근에 한 이탈리아 팀이 젊은 음악가 ES를 검사했는데, 그녀는 음정을 각기 다른 맛으로 체험했다. ES는 입에서 느껴지는 구체적인 맛에 따라 음정의 이름을 댈 수 있다고 주장했다(표 6.2). 연구자들은 스트루프 과제(요구되는 반응과 상충하는 자극을 받았을 때 반응의 속도가 느려지는)의 맛 버전을 제작했다. 그들은 ES의 혀에 신맛, 쓴맛, 짠맛, 단맛이 나는 용액을 묻히면서 다양한 음을 연주했다. ES가 음정을 식별하는 능력은 완벽했다. 그리고

표 6.2 ES의 사례. 음정에 따른 공감각 맛

음정	체험한 맛
단2도	신맛
장2도	쓴맛
단3도	짠맛
장3도	단맛
완전4도	(잔디를 깎은 풀밭)
3온음	(역겨움)
완전5도	깨끗한 물
단6도	크림
장6도	저지방 크림
단7도	쓴맛
장7도	신맛
완전8도	맛이 나지 않음

혀에 묻힌 맛이 자신의 공감각 맛과 일치했을 때 반응속도가 훨씬 빨랐다. 이것은 복잡한 인지 과제를 수행할 때 공감각이 얼마나 유용하게 작용하는지를 보여주는 또 다른 예다.

음소의 맛

미각과 후각은 상대적으로 무시되는 감각으로, 과거에는 맛에 초점을 둔 연구가 별로 없었다. 이러한 상황은 2003년에 언어학에 정통한 두 심리학자, 에든버러의 줄리아 심녀Julia Simner와

런던의 제이미 워드Jamie Ward의 공동 연구 덕분에 달라졌다. 심너와 워드는 음소에서 맛을 느끼는 한 공감각자를 대상으로, 학습된 언어 요소의 교차감각 지도를 그리려고 애썼다.

제임스 워너톤은 한때 런던에서 맥줏집을 운영했던 사람으로, 단어를 듣거나 읽거나 말하거나 심지어 생각만 해도 단어에서 맛을 느꼈다. 워너톤의 이야기는 BBC 호라이즌 다큐멘터리 〈'데릭'은 귀지 맛이 난다Derek Tastes of Earwax〉에서 다루었고, 이어서 그는 아주 재밌는 런던 지하철 노선도 〈런던 지하철을 맛보다Taste the Tube〉를 제작했다. 이 노선도에서 제임스는 전통적인 지하철역 이름을 자신이 느낀 맛으로 바꾸어놓았다.[3] 옥스퍼드서커스 역은 '꼬리곰탕', 그린파크 역은 '완두콩&햄 수프', 블랙프라이어스 역은 '스팸 튀김'이 되었다. 이 노선도는 지하철 승차를 즐겁게 만들었다. 모두의 입맛에 맞는 것은 아니었겠지만.[4]

제임스가 (어조와 상관없이) 단어를 듣는 동안에 인간이 가진 다수의 미각 영역 중에서도 가장 중요한 이마덮개의 미각 피질(브로드만 영역 43)이 양방향으로 활성화되었다. 이 맛은 다른 것으로 '덮어 씌워질' 때까지 잠시 지속하면서 때로 그의 공감각을 짜증나게 만들었다. 루리야의 S는 "먹으면서 책을 읽으면 내용을 이해하기가 어려웠다. 음식의 맛이 의미를 삼켜버리기 때문이다"라고 불평한 적이 있다. 이와 비슷하게 제임스는 다음과 같이 말했다. "외국어로 된 메뉴를 읽는 것은 또 다른 '고역'이에요. 왜냐하면 주변 소리, 일상적인 대화, 그리고 주위 환경이 모두 내가 느끼는 맛에 영향을 주기 때문이죠. 사교적인 식사는 될 수 있는 한 피하는 편입니다. 나는 일반 사람들의 '맛있는 수다'를 마치 이명이 있는 사람이 귓속에서 울리는 소리를 해결하는 방식으로 처리해야 해요. 나는 거의 모든 소리를 들으면서 다니거든요."

맛은 제임스의 꿈에서도 이색적으로 등장한다. 제임스의 공감각은 마이클 왓슨과 마찬가지로 알코올에 의해 강도가 세지고, 카페인에 의해 약해진다. 그리고 단어의 의미에 크게 좌우된다. "델리Deli(조리된 육류나 치즈, 흔하지 않은 수입 식품 등을 파는 가게 - 옮긴이)나 외국 식자재 가게로 모험을 떠나 전에 보거나 들어본 적이 없는 식품들을 보면, 그것들의 이름, 색, 모양이 모두 아마 그 식품 본연의 맛과는 전혀 다를 맛과 질감으로 다가와요." 예를 들면, "나는 굴을 싫어하지만, 굴의 공감각적인 초콜릿 경험은 꽤 즐깁니다. 심지어 굴에 대한 공감각적 지각을 다방면으로 시험해본 적도 있어요."

심너와 워드 박사가 통상적인 연상법으로 제임스의 맛 조합의 대부분을 빠르게 배우고, 어느 방향이든 자세히 기억할 수 있었다는 사실은 흥미롭지만 충분히 가능한 일이다(예를 들어, 알파벳 X의 소리는 Y 같은 맛이 나고, A의 맛은 음소 B를 포함하는 단어의 소리에서 온다). 그러나 제임스는 어떤 단어가 어떤 특정한 맛을 유발하는지는 말하지 못했다. 그는 맛을 일으키는 특정 단어의 맛을 기술할 수 있을 뿐, 그 반대는 아니다. 제임스 자신은 이를 어처구니없는 일이라고 생각하지만, 공감각은 기억이 아닌 지각에 바탕을 둔 것이므로 당연한 일이다.

우리가 음소-맛 공감각에 대해 일반적으로 아는 사실은, 이 공감각이 입안에 위치하며 단어의 소리를 듣거나 필기된 단어를 보았을 때 모두 일어난다는 점이다. 공감각성 맛은 단맛, 짠맛처럼 기본적인 것에 그치지 않고 대단히 구체적이고 자세하다. 자주 쓰는 단어가 잘 쓰지 않는 단어보다 맛을 끌어낼 가능성이 더 크다. 그리고 진짜 단어(어휘소)가 아무렇게나 지어낸 비非단어보다 맛을 불러올 가능성이 더 크다. 그러나 자소 공감각에서처럼 첫 글자 효과는 없다. 같은 첫 글자를 공유한다고 해서 같은 맛을 내는 게 아니라는 말이다. 대신, 비슷한 음소의 소리를 포함하는 단어는 비슷한 맛을 낸다('텔레비전'과 사람 이름 '켈리'는 둘 다 젤리 맛이 난다). 그리고 바버라Barbara =루바브rhubarb(대황)처럼 공감각성 맛을 내는 음식의 '이름' 속에 결정적인 음소가 들어 있다. 에이프릴April =애프리컷apricots(살구)처럼 음식을 나타내는 단어와 소리 또는 베이비baby(아기)=젤리 베이비(시판하는 젤리 이름-옮긴이)처럼 의미를 공유하는 단어는 그에 상응하는 공감각성 맛을 획득하기도 한다.

심너와 워드는 제임스의 524개 단어-맛 지도를 분석해 세 개 이상의 단어와 짝을 이루는 59개 맛을 발견했다(제임스 레퍼토리의 84퍼센트를 차지한다). 그리고 통계 분석을 통해 어떤 결정적 음소가 각각의 맛을 설명하는지 확인했다. 예를 들어 m은 케이크cake의, 그리고 k는 비스킷biscuit(영국식으로는 크래커)의 결정적 음소다. 표 6.3은 결정적 음소의 일부 예를 보여준다.

그들은 실제로 공감각성 맛을 결정하는 것이 필기된 단어의 형태가 아니라 음소의 소리라는 것을 확인했다. 예를 들어 제임스에게 빌리지village는 소시지sausage 같은 맛이 난다. 그것은 메시지message, 칼리지college, 그리고 [idg] 소리가 나는 그 외의 단어들도 마찬가지다. 자음은 모음보다 더 많은 맛을 유발한다. [g] 소리는 'begin'의 'g'로 표현되든 'exactly'의 'x'로 표현되든 요거트 맛이 난다. 이와 비슷하게 [k]는 'accept'의 'c'든 'check'의 'ck'든 'sex'의 'x'든 'fork'의 'k'든 상관없이 모두 달걀 맛이 난다. 어떤 음소의 소리는 하나 이상으로 발음되는 이음異音, allophony의 특징이 있다. 예를 들어, 장음 [l]('bell'과 'loop')과 단음 [l]('let'과 'also') 변이는 두 개가 서로 다른 별개의 맛을 만들어낸다. 그러나 소리는 같지만 뜻이 다른 동음이의어는 때때로 소리를 초월한다. 그러므로 제임스에게 'sea'는 바닷물 맛이 나고, 'see'는 구운 콩 맛이 나고, 알파벳 C는 아무 맛도 나지 않는다.

표 6.3 JW의 사례. 공감각성 맛을 일으키는 결정적 음소 유발체

맛	결정적 음소	예시어
Apple(사과)	p	Parents, deploy
Beans, baked(베이크트빈)	b, l	Maybe, been
Bread(빵)	r, aj, ʌ	Enterprise, discuss
Cabbage(양배추)	g, r	Agree, greed
Carrots(당근)	æ, r, s, p, aj	Harry, microscope
Coffee(커피)	k, ae	Kathy, confess
Cucumber(오이)	Ju, ə	You, peculiar
Grape(포도)	g, r, ej	Grip, great
Jam tart(잼 타르트)	p, ɑ, t	Partner, department
Jelly(젤리)	ɛ	Kelly, television
Lettuce(양상추)	s	Notice, less
Milk, condensed(연유)	k, w, aj	Acquire, McQueen
Mint(박하)	t, r, u	Truth, control
Onions(양파)	Ju, aj	Union, society
Peaches(복숭아)	i, f, ʧ	Feature, teach
Potato(감자)	l, d, h	Head, London
Sausage(소시지)	l, ʤ	College, message
Sherbet(셔벗)	F	Lift, fuchsia
Toast(토스트)	Ou, s, t	Most, still
Tomato(토마토)	s, ou	So, Sandra
Tomato soup(토마토 수프)	s, p	Super, peace
Vegetables(채소)	d, n	Earned, owner
Yoghurt(요거트)	G	Argue, begin

비록 맛의 공감각은 타고난 요소가 있긴 하지만, 학습된 어휘와 개념적 지식, 즉 의미에 크게 영향을 받는다. 음식을 나타내는 단어와 그 공감각성 맛의 의미 및 음운(소리)은 완벽하게 대응한다('rice'는 밥맛이 나고 'onion'은 양파 맛이 난다). 이것은 음식을 나타내는 단어와 소리 및 의미를 공유하는 단어는 그에 상응하는 공감각성 맛을 지닌다는 새로운 규칙을 암시한다.

사물의 의미 있는 이름이 우리가 그것을 경험하는 방식에 영향을 미친다는 것은 오래전부터 관찰된 사실이다. 어의차이척도법Semantic Differential(의미척도법)이라고 부르는 측정법에서 쾌락 평가는 의미를 결정하는 세 가지 핵심 요소 중 하나다. 그리고 현재 진행되는 연구는 의미에의 접근이 공감각 체험에 색을 입힌다는 사실을 드러내고 있다.

심너와 워드는 제임스에 이어, 음소에서 맛을 느끼는 14명을 추가로 연구했다. 참가자들은 5개월 간격으로 실시한 검사-재검사에서 일관되고 신뢰할 만한 결과를 보였다. 한 항목에서 다른 항목으로 넘어갈 때 대개 강도에서는 변화가 나타나지 않았던 자소-색깔 공감각자들과 달리, 맛 공감각자들은 실제로 강도의 차이를 지각했다. 여기에서도 단어의 '빈도'가 그 차이를 설명한다. 빈도가 낮은 단어는 빈도가 높은 단어보다 맛이 순했고, 특히 외국어나 비어非語가 맛을 끌어낼 때에 가장 맛이 약했다(독일어 'einst'-조금 짭짤한 무엇). 어휘와 삶의 경험이 함께 성숙한다는 점을 감안할 때, 이런 현상은 발달력developmental history 의 작용을 시사한다. 한 사람의 정확한 맛 공감각 패턴이 유전 과 경험 모두에서 비롯하는 것이다.

제임스의 식습관이 그의 공감각에 영향을 미친다는 사실은 예상치 못한 발견이다. 특정 음식이 제임스의 밥상에 더 자주 나타날수록 그 단어가 공감각을 생성할 가능성이 컸다. 또한 음 소의 맛은 그가 성인이 되어 선택한 음식보다 어려서 먹었던 것 들을 더 강하게 반영했다.

언어학자들은 필기된 단어의 첫 글자가 특별한 지위에 있다 는 것을 안다. 첫 글자는 시각적으로 덜 붐비므로, 가장 빨리 식 별되는데, 이것은 우리가 어떤 자소의 의미를 파악하기 전에 소 리 표현으로 변환하는 읽기 접근 코드의 일부로서의 특징이다. 그리고 왜 공감각적 단어 색깔이 종종 첫 글자에 의해 결정되는 지를 설명한다. 그것이 음소-맛 공감각에서는 일어나지 않는다 는 사실로 미루어 보아, 별개의 메커니즘이 작용하고 있음을 알 수 있다. 자소 공감각에는 심적 어휘, 필기된 단어 인식의 신경 심리학, 어휘 습득이 결부되어 있으나, 미각 공감각은 그렇지 않다.

어떤 단어에 맛이 붙는지 아닌지는 단어의 빈도와 어휘성lexicality 에 달렸다. 구체적으로 어떤 맛이 나는지는, 그것의 소리(음향적) 특성에 따라 달라질 것이다. 앞서 나는 '소시지' 같은 맛의 명칭에서 [idg] 같은 음소는 그 맛을 유발하는 단어로 한데 묶인다고 말했다(빌리지, 칼리지, 메시지가 모두 소시지 맛이 난다). 소리에 기반한 공감각은 문어와 구어 모두에서 일어날 수 있는데, 음운적 소리 코드는 신경적인 측면에서 각각을 이해하는 동안 모두 활성화되기 때문이다.

제임스를 비롯해 그와 비슷한 사람들은 자신이 먹는 것의 이름을 미처 익히기도 전에(전형적으로 18개월에서 34개월 사이) 이미 감각적이고 비언어적 공감각을 더 구체적으로 경험했을지도 모른다. 그런 다음 현재 성인으로서 가지고 있는 형태로 진화했을 것이다. 공감각이 시간이 지나면서 변한다는, 특히 사춘기 때 그러하고, 정상적인 유년기의 성숙기에는 덜하다는 사례가 잘 기록되어 있다. 제임스에게 공감각을 유발하는 단어들은 대단히 상세한 지각을 일으키는 반면, 외국어와 비어는 아주 기본적인 맛(그런 게 있을 경우)만 생산한다는 점에 주목할 만하다. 가짜 단어인 'bik'는 뻣뻣하고 잘 부러지는 것인 반면에, 프랑스어 'une'는 뭔가 시고 즙이 많은 것이다. 각 예에서 나타나는 어휘성과 그것의 의미는 다르다. 어떤 단어가 공감각을 유발하는지 여부는 그 단어가 어린 시절의 심적 어휘 사전에 통합되었는지에 달려 있다.

7

귀로 보는 사람들

약 40퍼센트의 공감각자들이 '귀로 본다'. 즉, 소리에 의해 색깔, 모양, 움직임에 대한 감각이 활성화된다는 뜻이다. '색청colored hearing'(소리에 반응해 색을 보는 공감각)은 공감각이 언제나 한 방향으로 이동한다는 면에서(이 경우에는 소리 → 시각) 다소 부정확한 명칭이다. 그러나 반대로 써도 마찬가지다. 그리고 그렇게 따질 이유도 없다.

일반적으로 색청 공감각을 일으키는 유발체로는 음악, 음소, 말, 그리고 개 짖는 소리, 접시 부딪히는 소리, 목소리의 음색 같은 일상의 소리가 있다. 색청은 마치 불꽃놀이처럼 역동적이다. 자극이 계속되는 한 모양들이 나타나 반짝이고, 움직이고, 그러다가 사라지면서 색칠된 환시의 만화경 같은 몽타주로 대체된다.

청각과 시각은 복화술이나 아래의 맥거크 효과McGurk effect

같은 착시에서 볼 수 있듯 이미 서로 단단하게 결합되어 있다. 대부분 사람에게서 청각과 시각의 상호작용은 의식의 세계 아래에서 일어난다. 그러나 당연히 공감각자에게는 이러한 결합이 명확히 밖으로 드러나며, 일단 형성되고 나면 특정한 음향 성질과 시각 감각질 사이의 연계가 고정된다. 그림 5.2에서처럼 해부 구조상 연결된 덕분에, 정상적으로는 다른 기능 영역에서 일어나는 서로 다른 감각 사이에 체계적이고 직관적이며 타당한 유사성이 존재하게 된다.

동일한 감각양식 안에서도 적법하고 일상적인 상호작용이 일어난다. 도플러 착각Doppler illusion을 생각해보자. 일정한 주파수의 음이라도 음량이 증가하면, 관찰자들은 소리의 세기가 증가할 때 음이 높아진다고 느낀다. 이 체험은 지나가는 사이렌 소리의 물리적 도플러 효과와 같다. 도플러 음량-음높이 착각은 색과 자소가 시각이라는 동일한 감각에 속한 것처럼 같은 감각양식 내에서 일어나는 공감각이다.

공감각자의 10퍼센트가 언어의 기본적인 소리 단위인 음소에 반응해 환시를 체험한다. 기록 차원에서 우리는 이들을 색청 공감각자라기보다는 음소 → 색깔 공감각자로 분류한다. 왜 공감각자들이 어떤 소리에는 반응하고, 어떤 소리에는 반응하지 않는지는 명확하지 않다. 일반적인 소리에 반응하는 사람이 있는가 하면, 지저귀는 새소리나 초인종 소리처럼 선율이 있는 소리에만 반응하는 사람, 또 특별한 음악적 속성이 있는 소리에만 반응하는 사람도 있다. 그러나 이런 범주 내에서도 모든 소리가 시각적 공감각을 일으키는 것은 아니다.

레베카 프라이스는 말의 음향적 특성에 따라 반응하고, 그것이 일으키는 환시의 패턴에 따라 여러 목소리를 인지하는 사람이다. 레베카는 이렇게 말했다. "제가 남편을 좋아하는 점 중의 하나가 바로 그의 목소리와 웃음소리의 색이에요. 버터를 발라 구운 바삭한 토스트처럼 노릇노릇한 게 정말 근사하거든요. 이상하게 들린다는 거 알아요. 하지만 진짜예요." 어떤 목소리를 들을 때 루리야의 S가 느끼는 부정적인 심경에 비해, 레베카의 묘사에서 드러나는 격렬하게 긍정적인 감정에 주목하라. 유명한 러시아 심리학자인 레프 비고츠키Lev Vygotsky를 만난 자리에서 S는 "당신 목소리는 정말 지저분하고 노랗군요"라고 말했다. 이후에 S는 목소리라는 주제에 관해 다음과 같이 상세히 설명했다.

아시다시피 여러 목소리를 지닌 것 같은 사람이 있습니다. 목소리가 마치 한 편의 음악 작품이나 꽃다발 같죠. 작고한 영화 제작자 S. M. 예이젠시테인S. M. Eisenstein이 바로 그런 목소리를 가졌습니다. 그의 음성을 듣고 있으면, 마치 목소리에서 빠져나온 섬유에 불꽃이 붙어 곧장 나를 향하는 것처럼 느껴집니다.

목소리가 어찌나 흥미로운지 정작 그가 무슨 말을 하는지는 이해하지 못했습니다.

예이젠시테인 자신이 공감각자이고, 자신의 흑백 영화에서 특정한 감정의 색이 드러나는 장면을 연출하기 위해 말 그대로 필름에 손수 색칠한 것으로 유명한 사람이므로, 이 두 남자가 만났다는 사실은 아이러니하다.

색청 공감각자들에게 폭넓게 다양한 것들이 보이는 까닭은 공감각 유전자가 발현하는 시간대와, 한 아이가 음소를 인지하고(6개월), 음식에 대한 선호도를 나타내고(6~12개월), 단어를 배우고(12~18개월), 원색을 배우고(24~36개월), 다음으로 세 단어로 된 문장, 2차색, 음식 이름에 익숙해지는(30~36개월) 나이로 설명할 수 있다.

색청

많은 공감각자들은 소리가 유도한 색깔을 보는 체험을 셀로판지를 통해 보는 것에 비유한다. 특히 음악을 들을 때 그러하다. 마이크 모로우는 "전자음악이 눈앞에 아주 멋진 모양과 색깔을 만들어 냅니다. 하지만 가끔은 그냥 단어를 들을 때에도 모양이 보이는데, 그럴 때면 바보가 된 기분이 들어요. 이건 당신의 성姓 사이토윅을 들었을 때 보이는 모양인데 이런 걸 그려본 건

표 7.1 인지 특성과 공감각 유형 획득 시기

인지 특성 획득 시기

	6개월	1년 (12개월)	1.5년 (18개월)	2년 (24~30개월)	2.5~3년 (30~36개월)	4년 (36~48개월)	5년 (48~60개월)	5~7년 (60~84개월)
	음소를 지각한다	단어의 조각, 단어	5~20개 단어 어휘	발화: 구절, 물체의 이름, 색깔	세 단어 문장, 자신의 성별 이해, 음식 이름 숙지, 1~10까지 수,[a] 알파벳 일부[b]	같은 성별을 가진 부모 식별, 행동적인 놀이, 시각-촉각 교차감각 연상	성별에 맞는 놀이 선호, 타인의 특징을 잡아냄, 열과 요일, 시계 읽기[c]	읽기, 쓰기
	6~12개월 음식에 대한 호불호가 명확해진다		18~24개월 음식의 이름을 사용하기 시작한다		36~42개월 1~10까지 순서, 10 이상의 수. 알파벳(42~48개월: 순서와 상관없이 알파벳 숙지)[d]		48개월 빠른 아이들은 책을 읽기 시작한다	

후천성 공감각이 일어날 수 있는 시기

- 18~30개월: 음소에서 맛을 느낀다
- 30~36개월: 감정이 매개된 공감각
- 30~60개월: 음소에서 색을 본다, 맛에서 색을 본다
- 34~40개월: 어휘(구어) 공감각[e]
- 34~48개월: 자소에서 색을 본다
- 34~60개월: 수의 공간적 인지
- 36~60개월: 자소의 성별과 성격을 지각

a. 순서에서 벗어난 숫자는 아직 알지 못함.

b. 30개월 무렵에 어떤 아이들은 노래로 알파벳을 안다.

c. 많은 수 – 항상 공감각이 숫자 1~12로 된 시계 모양이다.

d. 42~48개월 사이에 알파벳을 순서에 상관없이 인지한다.

e. 구어–색깔 공감각은 훨씬 일찍 발달할 수 있다. 말을 시작한 어린이들은 읽고 쓰는 법을 배우기 전에 단어/비단어의 어휘성을 인지한다. 이는 자소–색깔 공감각 직후. 그러나 음소와 자소의 변화 이전에 나타날 수 있다. 단어–색깔, 자소–색깔 공감각자가 글을 일찍 읽기 시작한 아이들인가 하는 질문을 제기할 수 있다.

처음입니다"라고 말했다(그림 7.1). 아마도 동료들이 주는 압박이 마이크를 쑥스럽게 했을 것이다. 그러나 다른 공감각자들은 좀 더 자유롭게 자신을 표현한다. 캐럴 스틴Carol Steen이 자신의 조각품 〈사이토Cyto〉에서 그런 것처럼 말이다(그림 7.1).

이런 사례는 소리-시각 공감각이 단순한 색 이상의 것임을 알 필요가 있다고 말한다. 음향 속성(감각질)은 흔히 공간 속에서 특정한 위치에 있는 입체 도형을 불러온다. 공감각은 정상적인 교차감각 지각의 바탕이 되는 신경시스템과 동일한 시스템을 기용한다. 이를테면, 음높이의 변화가 공감각 경험의 밝기, 크기, 대비, 각거리를 체계적으로 바꾼다. 아니나 리치Anina Rich와 동

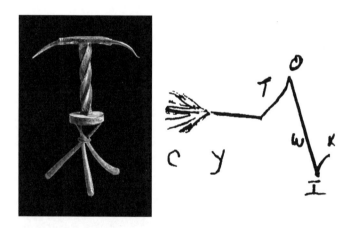

그림 7.1 캐럴 스틴의 조각 〈사이토Cyto〉. 오래된 푸른빛 브론즈와 강철로 된 이 조각은 필자의 이름인 '사이토윅Cytowic'의 앞 두 음절의 모양, 색, 꼬인 움직임을 표현했다.(왼쪽) 필자의 이름을 부르는 소리가 마이크 모로우에 의해 보이는 모양(철자가 틀렸다).(오른쪽)

료들은 공감각 물체를 형성하는 데 다수의 특징이 관여하며, 각 특징은 내적으로 생성된 것임에도 불구하고 선택적으로 처리될 수 있음을 밝혔다. 그것들은 자체적인 내부 좌표계를 갖고 있으며, 물리적 사물로 부호화되거나 '통합'되는데, 이는 추상적 개념이 하나의 사물로 정신적 변환을 겪는다는 것을 의미한다.

또한 색청 공감각에는 V4 이상이 관여한다. 시각이 세분된 것과 마찬가지로, 지각이 형성되는 과정 역시 많은 부분으로 나뉜다. 각 부분은 스스로 조직하고 수정하며 동적으로 변화하는 네트워크처럼 분산된 시스템의 중심점을 구성한다. 이런 틀 안에서는 공감각과 일반적인 지각 과정 모두 요즘 유행하는 뇌 이야기에서처럼 한 지점에 고정되어 있지 않다. 대신 분산된 네트워크 속에서 특정 시점에 지배적인 처리 과정으로 존재한다. 이 네트워크에 관해서는 11장에서 좀 더 살펴보기로 하자.

색청 공감각은 아주 어린 아이들에게서 관찰돼왔다. 장미색과 갖가지 분홍색을 모조리 빨강이라고 부르는 것처럼 색 어휘가 원색에 한정된 세 살 반짜리 아이가 하루는 잠자리에 들었을 때 귀뚜라미 두 마리가 우는 소리를 들었다. 한 귀뚜라미는 상대적으로 소리가 높고 날카로웠다. 아이는 "저 작고 하얀색 소리가 뭐야?"하고 물었다. 귀뚜라미 소리라는 대답은 만족스럽지 않았다. 아이는 고집스럽게 말했다. "아니, 갈색 말고, 작고 하얀 소리 말이야." 짐작건대, 아이는 그 색깔이 소리의 정상적인 일부라고 여겼을 것이다. 왜냐하면 아이는 일상적인 대화에서도 이렇게 말하곤 했기 때문이다. "빨간색 소리다. 그렇지?" 아이가 처음으로 무지개를 보았을 때, 아이는 신이 나서 "노래! 노래!"라고 외쳤다.

공감각적 소리-색깔 대응은 개인마다 다르지만, 그래도 이 아이의 팔레트는 유난히 흥미롭다. 왜냐하면 색깔이 순서대로 정렬되기 때문이다. 중앙 C 음은 빨간색이고, 그 아래 음은 빨간색과 빨간색-보라색 음이다. 더 아래 음계로 내려가면 점점 회색이 되다가 검은색이 된다. 중앙 C 음에서 위로 올라가면 점차 파란색, 초록색, 그리고 흰색으로 바뀐다. 높은음은 언제나 낮은음보다 더 밝고, 5장에서 설명한 순서 대응과도 맞아떨어진다. 이와 같은 규칙적인 대응이 놀랄 일은 아니다. 왜냐하면 해부학적으로 뇌의 일차청각피질의 신경세포는 음위상tonotopic에 따라 낮은음에서 높은음의 코드 순서로 배열되기 때문이다.

색청 공감각은 심지어―또는 아마도 특별히―시각장애인도 풍부하게 체험한다. 마리온은 대단히 제한된 시력을 갖고 태어났다. 그나마 청소년기에는 어둠과 빛은 구분했지만, 대학에 들어갈 무렵에는 그마저도 거의 지각하지 못했다. 어렸을 때는 약간의 시력이 있었으므로 알파벳을 배웠는데, 알파벳 문자는 점자의 알파벳처럼 색이 있고, 빛이 나고, '빛을 발산하는 것 같았다.' 그러나 마리온에게 색을 불러오는 것은 무엇보다 음악이다.

바이올린과 현악기 소리를 들으면 중간 색조의 멋진 초록색이 떠올라요. 피아노 음악은 흰색이고, 현악기가 많은 오케스트라 반주의 피아노 협주곡은 초록색 배경에 흰색 전경이 연상됩니다. 모차르트의 클라리넷 협주곡은 놀라울 정도로 깊은 푸른색이고, 플루트 곡은 빨간색이에요.

마리온은 공감각자들이 반응하는 다양한 음향적, 음악적 성질, 즉 소리가 내는 음의 높낮이, 음고류pitch class(같은 음이름을 가진 모든 음의 집합-옮긴이), 조, 음색, 화음, 멜로디, 음량 등을 일례로 보여주었다. 음의 높낮이pitch는 두 가지를 뜻하는데 하나는 음의 고저이고 다른 하나는 구체적인 음고류, 예를 들어 다C음인지, 내림나B♭음인지, 올림바F♯음인지를 말한다. 조key는 한 곡이 유지하는 장조와 단조의 음계를 말하고, 음색은 이를테면 동일한 음량으로 동일한 음을 내는 바이올린과 플루트의 소리를 구별하게 하는 뚜렷한 음의 특성을 말한다(독일어로 음색은 'Klangfarbe'인데 문자 그대로 '소리의 색깔'이라는 뜻이다). 화음은 두 개 이상의 음이 동시에 연주되는 것을 뜻하고, 음정은 음높이가 다른 두 음 사이에 조화를 이루는 거리 또는 차이를 일컫는다. 멜로디는 음의 연속적 배열이다. 이 다양한 요인이 색청 공감각자가 보는 것의 성격을 정확히 결정한다.

중세시대 이후로 기보법의 일부가 된 일곱 가지 선법mode(도리안, 믹솔리디안, 에올리안 등)에 공감각적으로 반응하는 사람은 덜 흔하다. 도형 악보나 파솔라 창법(17~18세기에 영국과 미국에서 널리 쓰였던 계이름 창법 - 옮긴이) 또한 이 시기에 시작됐다. 어떤 공감각 색깔은 왈츠, 행진곡, 래그타임(19세기 말에서 20세기 초까지 미국에서 유행한 대중음악 - 옮긴이), 오페라, 랩처럼 작품의 장르에 따라 달라진다. 곡의 전반적인 성격이나 스타일은 공감각자인 빌리 조엘Billy Joel, 퍼렐 윌리엄스Pharrell Wiliams, 레이디 가가에게 영향을 준다. 레이디 가가는 노래를 쓸 때 멜로디나 가사를 듣기도 하지만, 색깔도 본다. "소리가 마치 색칠된 벽처럼 보여요. … 예를 들면 제 노래 〈포커페이스〉는 짙은 호박색이지요."

가락 음정melodic interval(음이 하나씩 차례로 울리는 음정. 반면에 화성 음정은 두 음 이상이 동시에 차례로 울리는 음정을 말함 - 옮긴이) 역시 밝기 - 어둡기의 수치로 일반적인 대응 법칙을 따른다. 밝은 자극은 올라가는 가락 음정이고, 어두운 자극은 내려가는 음정이다. 가락 음정의 폭이 넓을수록, 밝고 어두운 단계의 차이가 벌어진다.

음악가 로렐 스미스Laurel Smith는 음악, 말, 그리고 일상적인 소리에 반응해 환시를 본다. 음악이 스위치를 켜는 '색 조명'은 음의 높낮이, 음색, 소리 구조, 조, 대위법, 불협화음, 음악 스타일에 영향을 받는다. 각 음의 색깔은 전음계diatonic scale(옥타브

내에 다섯 개의 온음과 두 개의 반음으로 이루어진 음계. 온음계라고도 함-옮긴이)에 바탕을 둔다. 올림이나 내림은 이 색의 자연스러운 대응의 변이로 보인다.

로렐에게는 곡조가 맞지 않는 어떤 음이 올림일 때는 하얀색, 내림일 때는 어두운 후광을 띤다. 그러나 특정 조에 고유한 올림이나 내림에는 후광이 없다. 연주 중인 조에 실수로 들어온 낯선 음은 은색 후광을 얻는다. 음높이는 음의 음영을 결정한다. 높은 소리일수록 밝고, 낮을수록 어둡다. 예를 들어 '다' 음의 황금빛 색조는 건반을 내려가면서 어두워진다. 반면 '라' 음은 거의 검은색으로 될 때까지 은회색 배음을 가진다. 로렐은 음의 높낮이를 크기로 식별할 수 있다. 낮은음은 높은음보다 크다. 화음의 맨 아래 음은 제일 위 음보다 2~10배 더 크다. 그러나 음높이가 내려가면서 모양을 잃고 점차 무정형이 된다.

악기의 음색은 여러 음향이 단일 색으로 나타날 수 있기 때문에 중요하다. 예를 들면, 비올라의 '라'와 '가' 현, 첼로의 '다'와 '라' 현, 그리고 피아노의 제일 아래에서 세 번째 옥타브가 모두 같은 보라색이다. 로렐은 자신의 색깔 묘사가 극도로 단순화되었다고 말한다. 왜냐하면 음색은 악기의 '소리 구조'에 따라 더 세분되기 때문이다. 로렐에게는 특정 음색과 색깔이 일대일로 대응하는데, 그것은 자소 공감각자들이 "그건 2예요. 왜냐하면 하얀색이니까요"라고 말하는 것과 같다. 로렐이 말했듯이, "음이 가진 강렬하고 밝은 색을 보지 못한 채 플루트를 듣는다는 건 잘 닦인 거울 속에서 아무것도 보지 못하는 것처럼 상상할 수도 없다."

프란츠 리스트와 니콜라이 림스키코르사코프는 조調의 색깔을 가지고 대립한 것으로 유명하다.[2] 1842년에 리스트가 독일 바이마르 카펠마이스터(악장이자 지휘자 – 옮긴이) 직책을 넘겨받았을 때, 그는 이런 말로 연주자들을 놀라게 했다. "신사분들, 제발, 좀 더 푸르게 연주할 순 없을까요? 이 음은 그렇게 해야만 한다고요.", "그건 진한 보라색이야. 제발 믿어줘요! 그렇게 장미색으로 가면 안 된다고!" 결국 오케스트라 단원들은 자신들이 오로지 소리의 음만 들을 때 색의 다성 음악을 보는 마에스트로에게 익숙해졌다.

많은 유명 음악가들이 소리에서 색을 본다는 사실은 놀랍지 않다. 리스트와 림스키코르사코프 외에 공감각자 작곡가로는 리게티 죄르지György Ligeti(그의 음악이 영화 〈2001: 스페이스 오디세이〉의 삽입곡으로 사용되었다), 에이미 비치Amy Beach, 장 시벨리우스Jean Sibelus, 올리비에 메시앙Olivier Messiaen이 있다. 현대 음악가로는 바이올리니스트 이츠하크 펄먼Itzhak Perlman, 오보니스트 제니퍼 폴Jennifer Paull, 재즈 작곡가 마이클 토크Michael Torke, 토머스 우드Thomas Wood, 토니 드카프리오Tony DeCaprio, 팝 음악가 스티비 원더Stevie Wonder가 있다.[3] 리게티는 음소는 물론 자소가 자신에게 미치는 영향에 대해 이렇게 말했다.

나는 소리를 색깔과 모양에 연관시킨다. ⋯ 나는 절대음감의
소유자가 아니므로 내가 다단조C minor가 녹슨 갈색이고 라단
조D minor가 갈색이라고 말할 때, 그 색은 음의 높낮이가 아니
라 글자 C와 D에서 오는 것이다.

프랑스 작곡가 메시앙(1908~1992년)은 양방향으로 작동하는
공감각—음악은 환상적인 색을 띠고, 색의 배열은 기이한 소리
로 노래를 부르는—의 소유자였기 때문만이 아니라, 자연의 음
악과 소리가 그에게 보여주는 복잡한 색을 전달하기 위해 완전
히 새로운 작곡 방식을 창안했다는 점에서 특별히 흥미롭다.[4]
메시앙은 이 작곡 방식을 '조옮김이 제한되는 선법'이라고 불렀
는데, 덕분에 메시앙의 음악은 들으면 바로 알 수 있는 대단히
독특한 양식이다. 예를 들어, 모드 2는 보라색, 파란색, 보라색-
자주색의 특별한 혼합이고, 반면에 모드 3은 주황색에 약간의
빨간색과 초록색 색소가 가미되고, 금색 점과 오팔처럼 무지갯
빛으로 반사되는 유백색이다. 이 모드의 모습이나 분위기가 복
잡하기 때문에 메시앙은 이것을 '색깔의 화음'이라고 불렀다.
메시앙은 모드란 일반적인 의미에서 조화롭지 않으며, 심지어
인지할 수 있는 화음도 아니라고 말했다. "그것들은 색깔처럼

소리가 납니다." 조와 전통적인 화음, 구체적인 색깔 사이의 정확한 대응 관계를 말하기는 불가능한데, 왜냐하면 그가 보는 색은 스테인드글라스 창문을 보는 것과 같다고 묘사될 정도로 복잡하고, 단순한 음의 높낮이나 음색을 넘어서는 복잡한 소리와 연결되기 때문이다. "이것이야말로 진정한 소리다."

메시앙은 음악을 듣거나 읽을 때면 언제나 다면적인 색깔을 보았다. 그리고 반대로 자신은 색깔 있는 풍경을 음악으로 번역한다고 말했다. 예를 들어 1977년에 녹음된 메시앙의 교향곡 〈협곡에서 별까지 Des Canyons aux Étoiles〉는 그가 '미국에서 가장 아름다운 것'이라고 말한 유타주의 브라이스 캐니언에서 영감을 받았다. "내가 브라이스 캐니언을 대상으로 작곡한 작품은 절벽의 색깔인 빨간색과 주황색이다." 메시앙이 협곡 위를 날아가는 강렬한 푸른색의 스텔러어치 Steller's jay를 보면서 어떻게 색을 소리로 번역했는지 들어보자.

배, 날개, 긴 꼬리는 파랗다. 이 새의 비행이 띠는 푸른색과 바위의 붉은색에는 고딕 스테인드글라스의 화려함이 깃들어 있다. 이 곡은 이 모든 색을 재현하고자 한다.

스텔러어치는 '수축된 공명 화음'(빨간색과 주황색)으로 … 그리고 '이조 전회 transposed inversions된' 화음(노란색, 담자색, 빨간색, 하얀색, 검은색)으로는 바위의 색을 표현한다. … 다음으로, 세 개의 모드 4(빨간 줄무늬가 있는 주황색)를 여섯 개의 모드 2(갈색, 붉은기, 주황색, 자주색) 위에 포개놓은 다중선법은 사파이어블루와 주황색-빨간색 바위의 포르티시모로 마무리를 짓는다.

어떤 현상에 대한 진정한 과학적 설명은 예측까지 할 수 있어야 하므로, 프린스턴대학의 음악학자 조너선 버나드Jonathan Bernard는 전통적인 음악학 분석을 통해 메시앙의 음악과 색이 가지는 독특한 소리 구조 사이에 어떤 대응이 있는지 연구하기 시작했다. 메시앙이 종종 악보에 색이름과 그 효과를 적어놓은 것이 도움이 되었다. 버나드는 오선지에 적힌 음표의 수직 간격에 따라 색을 예측할 수 있다는 사실을 발견했다. 즉, 모드가 이동하면서 형성된 화음에는 특유의 간격이 있는데, 같은 모드 세트에 나타나는 두 개의 서로 다른 간격을 보면 메시앙이 적은 대로 두 개의 색을 예측할 수 있었다.

이 작곡가에게 단일 음이라는 것은 없었다. 메시앙은 배음倍音과 상음上音, 특히 바람, 폭포, 새소리처럼 그의 작품에 자주 등장하는 자연의 고유한 소리를 예민하게 인지했다. 우리가 하나의 소리를 듣는 곳에서 메시앙은 서로 포개어 들어앉은 많은 소리를 들었다. 우리가 단일 화성을 들을 때, 예를 들어 음고류 기보 2, 2, 2, 7, 8, 6, 4에서 메시앙은 여러 소리를 들었다. 그리고 메시앙의 공감각이 양방향이라는 점을 고려하면, 우리가 하나의 색만을 지각할 때, 메시앙은 색깔을 '있는 그대로' 묘사하려고 안간힘 쓰는 전형적인 공감각자의 무수한 뉘앙스를 보았을 것이다.

20세 이전부터 이 모드로 작곡해왔지만 메시앙이 대중에게 공감각에 대해 말을 꺼낸 것은, 1944년에 출간한《메시앙 음악 어법The Technique of My Musical Language》에서 '파란색-주황색 화음의 부드러운 폭포'를 잠깐 언급한 것이 처음이었다. 다른 모든 공감각자와 마찬가지로, 양방향으로 움직이는 메시앙의 소리-색 공감각은 비자발적이고 일관적이었다. 색은 원래부터 악보 안에 내재된 것이므로 특정 오케스트라 연주의 음악적 성격에 따라 달라지지 않았다. 메시앙의 음악을 연주하려면 작곡자가 추구한 바를 제대로 표현해낼 수 있는 특별한 예술가가 필요하다는 사실이 놀랍지 않다.

메시앙을 여타의 소리-색깔 공감각자와 구분하는 것은, 특정한 소리의 조합이 그에게 '눈에 보이는 세상을 소리로 색칠하는' 다양한 범위의 색을 불러온다는 점이다. 이 작곡자가 소리에서 보는 색깔은 세 유형이다. 첫째는, 예를 들어 단순히 '초록색' 또는 '빨간색'이라고 부르는 단색이다. 두 번째 유형의 소리는 메시앙이 파란색-주황색처럼 하이픈으로 연결한 두 가지 색의 혼합이다. 셋째는 더욱 복잡한 혼합색으로, 두 가지 색(회색과 금색), 세 가지 색(주황색, 금색, 우윳빛 흰색)을 섞거나, 또는 단일

색이 하나 이상의 색으로 '얼룩지거나, 줄무늬가 있거나, 촘촘히 박히거나, 테두리를 두른' 것이다. 메시앙의 소리-색깔 조합에 관한 기록은 전기 작가들의 저서와 메시앙이 자신의 작품에 대하여 쓴 엄청난 양의 노트, 악보에 인쇄된 색 표기를 토대로 작성되었다.

이처럼 미묘한 메시앙의 배색은 그렇게 드물거나 특별한 것이 아니다. 제이미 워드는 여러 음을 동시에 연주했을 때, 각각을 구성하는 음의 색과는 다른 두 개 이상의 공감각 색을 도출하는 사람들을 자세히 조사했다. 다시 말하면, 어떤 사람에게는 음의 높낮이보다 음정이 공감각 색을 결정하고, 색의 복잡성과 혼합이 배음(기본음과 함께 소리 나거나 기본음을 강화하는 연속적인 높은음)에 달려 있다. 애초에 음의 높낮이가 여러 형태의 공감각을 생성하는 이유는 그 자체가 다차원적 속성을 지녔기 때문이다.

절대음감

절대음감은 기준 음 없이도 음을 인지하고 기억하는 능력이다. 이 능력을 갖춘 사람은 1만 명당 1명꼴로 드물다. 음악가가 아닌 사람들은 음을 쉽게 식별할 수 없는데, 오랜 훈련을 받지 않으면 소리만 듣고 음의 이름을 구별하기가 어렵기 때문이다. 사람들은 흔히 절대음감과 공감각 사이에 연결고리가 있지 않을까 생각한다. 왜냐하면 직관적으로 보았을 때, 각 음의 높이를 특정한 색깔에 할당하면 쉽게 기억할 수 있을 것 같기 때문이다. 그러나 지금까지 수만 명의 공감각자를 조사한 바에 따르면, 이 두 능력이 서로를 포괄할 가능성은 크지 않다. 비록 둘 다 유전적 요소가 강한 지각 특성이라는 유사점이 있지만, 그 경험 역시 개인에 따라 다르다.

대부분의 사람들이 푸른 눈, 빨간 머리, 끝이 갈라진 턱과 같은 신체적 속성은 유전될 수 있다고 믿으면서, 지각적이고 심리적인 특성, 또는 버릇은 자손에게 전해진다고 생각하지 않는다. 그러나 부모로부터 물려받은 유전적 자질은 키가 작거나 크거나, 머리카락이 검거나 금발이거나, 피부가 깨끗하거나 주근깨가 있거나 하는 신체적 특징을 준비하는 것과 같은 방식으로 특정한 재능이나 행동의 밑바탕이 된다.

우리는 다양한 유전성 청각장애 및 시각장애에서 단일 상염색체 유전자들이 큰 역할을 한다는 것을 안다. 그러나 후각의 경우, 특정 냄새를 감지하지 못하는 선택적 후각상실증의 유전적 요인을 제시한 보고서가 있긴 하지만, 그 외에 후각에 대한 연구는 거의 이루어지지 않았다. 한편, 향수, 포도주, 코냑을 제조한 가문에서 태어난 재능 있는 '코'는 가히 전설적이다. 가계를 통해 강하게 흐르는 가장 일반적인 지각적 재능은 음악적 능력이다. 요한 제바스티안 바흐의 혈통은 비록 유일하다고는 볼 수 없어도 중요한 사례다.

공감각에서처럼 절대음감은 집안 내력이며 예외 없이 어린 나이에 나타난다. 그것은 네 가지 측면에서 공감각과 비슷하다. 우선 이 능력은 존재하든지 아니든지 둘 중 하나다. 일반적인 다른 기술은 연습을 통해 숙달되지만, 절대음감은 타고나는 것이다. 절대음감의 소유자 대부분이 다른 사람은 이 능력이 없다는 사실에 놀란다. 그리고 어린 나이(26퍼센트가 5살, 89퍼센트가 10살)에 나타난다.

조지프 롱Joseph Long은 공감각과 절대음감을 둘 다 겸비한 스코틀랜드 출신의 콘서트 피아니스트로, 어린 나이에 그는 절대음감을 '음의 이름을 배우는 것'이라고 불렀다. 롱의 경험은 공감각과 절대음감이 어떻게 독립적으로 작동하는지 보여준다.

나는 네 살 때 할아버지 할머니의 낡은 피아노로 연주를 시작했는데, 나중에 알았지만 그 피아노는 A-440(표준 콘서트 피치)에서 단3도 낮게 조율된 것이었다. 나는 맨 처음 피아노를 쳤을 때부터 다 음은 파란색, 라 음은 초록색 등 공감각적으로 음과 색을 연관지었다. 그러다 다섯 살 때 부모님이 피아노를 사주셨는데, 그것은 할아버지의 피아노보다 조금 높게 조율되었다. 그때는 그 피아노가 A-440보다 한 음 낮은 건지 몰랐다. 단지 내게는 음이 조금 높게 들렸을 뿐이다. 다음으로 나는 동네에서 피아노를 배웠는데, 선생님의 피아노는 — 어땠을 것 같은

가—A-440으로 정확하게 조율되어 있었다. 이렇게 나는 서로 완전히 다른 음높이를 가진 세 대의 피아노를 치게 되었던 것이다.

이 시점에서 중요한 것은 음의 정확한 높낮이에 상관없이 세 대의 피아노 모두, 다 음은 여전히 파랗고 라 음은 여전히 초록색이었다는 점이다. 파란색을 내는 중간 다 음은 내가 누른 물리적 건반이지 소리가 아니었다. … 그러던 어느 날, 내 음악적 삶에서 가장 중요한 일부인 절대음감으로 나를 이끈 전환점이 발생했다.

피아노 조율사가 집에 방문했을 때의 일이다. … 그는 이내 A-440까지 음높이를 올려서 조율해야 한다고 말했다. 그가 작업을 마치자, 내 피아노 소리는 선생님의 피아노 소리와 똑같아졌다. 그리고 그 순간 난 바로 그 음높이가 '절대적인' 기준임을 알게 되었다. 혹은 적어도 우리 선생님의 피아노를 조율한 표준 콘서트 피치라는 기준이 있고, 다른 두 피아노는 거기에 맞지 않았었다는 것을 알게 되었다. 비록 나는 건반을 눌렀을 때 나는 음보다, 물리적으로 누른 건반의 위치에 따라 색깔을 연상시켜왔지만 내 안에 예전부터 있던 무엇은 서로 다른 음높이를 듣고 기억할 수 있었던 게 틀림없다.

조지프의 예는 어떻게 피아노의 음높이 같은 소리의 음향적 특성이 특정 건반의 색과 같은 공감각적 개념 분류를 점차 능가하는지 보여준다. 어쩌면 시각보다 청각 안에서 지각과 개념 사이에 더 큰 상호작용이 일어나는지도 모른다.

색과 모양을 넘어서

소리는 주로 색깔, 모양, 시각적 움직임을 유도하지만, 그 공감각 반응은 다른 형태의 공감각만큼 다양하다. 내 초기 실험 대상자 중 한 명은 병원 호출기가 울리는 소리를 듣자 관자놀이에서 날카로운 통증을 느꼈다. 그녀는 머리를 감싸쥐며 말했다. "오, 저 눈을 멀게 하는 빨간 톱니바퀴! 얼른 꺼주세요."

소리는 자소처럼 인격을 가질 수 있다. 어느 공감각자에게 알파벳 T가 심술궂고 관대하지 못한 사람이라면, 또 다른 공감각자에게 바순은 심성이 착하고 공부만 잘하는 이름난 공부벌레처럼 지능은 대단히 높지만, 매사에 서투르다.[5]

소리는 또한 소리-동작audiomotor 공감각이라고 부르는 결합을 통해 개별적인 자세나 행동과 결합되기도 한다. 한 10대 소년은 단어의 소리가 시키는 대로 각각 다른 자세를 취했다. 그는 영어는 물론 무의미한 단어까지 모두 특정한 몸동작을 강제한다고 주장했다. 이 비정상적인 결합을 기록한 의사는 소리에 반응하는 소년의 동작이 고정된 것인지 알아보기 위해 소년에게 미리 알리지 않고 불시에 다시 검사하기로 했다. 10년이 지

나, 의사가 같은 단어 목록을 읽었을 때, 소년은 주저 없이 10년 전과 동일한 자세를 취했다.[6]

앞서 언급한 다중공감각 음악가 로렐 역시 이런 공감각을 갖고 있다. 예를 들어, 특정 화음의 베이스라인은 로렐이 표 7.2에 기술한 자세를 취한 것처럼 느끼게 한다.

지금까지 나는 예컨대 철자가 다른 동음이의어가 공감각자에게 어떻게 달라 보이는지와 같은 자소의 '시각적 형태'에 관해 주로 얘기했다. 그러나 자소 공감각자의 약 25퍼센트는 뇌에서 청각 경로를 동시에 활성시킨다. 따라서 이들은 동형이의어 homograph, 즉 철자는 동일하지만 발음의 강세에 따라 뜻이 달라지는 단어에 민감하다. 이들에게는 같은 글자의 단어라도 공감각적 효과는 다를 것이다.

- attribute – "미소는 내 최고의 <u>자질</u>이다." / "난 미소 <u>덕분</u>

표 7.2　로렐 스미스의 사례. 화음의 베이스라인으로 유도되는 자세

I – 으뜸화음	땅이나 바닥에 발을 대고 똑바로 서 있는
II – 윗으뜸화음	땅 위를 낮게 날아가는
III – 가온화음	계단을 밟고 가는
IV – 버금딸림화음	하늘 높이 날아오르는
V – 딸림화음	무릎을 구부린 채 뛰어오를 준비를 하는
VI – 버금가온화음	중력이 거의 없는 성층권에서 떠다니는
VII – 이끔화음	계단 맨 위에서 발을 헛디딘

에 성공했다."

- wind – "우리가 어쩌다가 여기까지 오게 되었을까?" / "바람이 우리를 날려보냈지."
- resume – "일을 재개하시오." / "제 작품 이력서를 동봉했습니다."
- record – "턴테이블에 레코드판을 올려놓아라." / "그녀의 강의를 녹화했니?"

공감각자에게 글자가 색깔로 보이는지 물을 때는 조심해야 한다. 소리 없이 눈으로 읽기 때문에 음소의 소리가 색을 유도하더라도 마치 자소가 그런 것으로 오인할 수 있기 때문이다. 청각 어휘, 즉 단어 사전은 눈으로 책을 읽을 때도 자동으로 활성화된다는 점을 기억하라.

시각이 소리를 불러올 때

칸딘스키는 색깔마다 내재된 고유성이 있다고 주장했다. 그는 이 관계를 1912년에 출간한 《예술에서 정신적인 것에 대하여》에서 자세히 설명했다. 칸딘스키는 이후에 색을 아르놀트 쇤베르크Arnold Schönberg의 12음계 음악과 똑같이 만들어보려고 시도했다. 그렇게 칸딘스키는 자신의 공감각에 대해 점차 논리적으로 접근하며 의도적으로 추상화해나갔다. 그는 모두에게 적용되기를 희망하며 감각과 감각 사이의 보편적인 번역을 추구했지만 지금 우리는 공감각적 결합이 개인 특이적 현상이므로 보편적인 번역이 통하지 않음을 알고 있다.

공감각은 소수의 양방향 공감각자들에게는 그리 순순하지 않을 수도 있다. 1장에서 나는 음악 선생이자 양방향성 공감각자인 줄리 록스버러가 BBC 다큐멘터리 제작을 위해 피커딜리 서커스로 떠난 용감한 여행에 대해 언급했다. 줄리처럼 공감각에 압도되는 사람들의 문제는 양방향성 그 자체가 아니라 시각이 소리를 유도하는 낯선 경로의 '강도'에 있다. 리델 심프슨은 전형적인 색청 공감각자(소리를 들으면 색이 보이는)지만, 시각이 소리를 불러오는 쪽으로도 공감각이 강하게 나타난다. 그는 선천적으로 청력이 매우 약하기 때문에 양쪽에 보청기를 착용한다. 심프슨은 자신이 보는 모든 것이 동시에 소리로 들리기도 하는데, 특히 움직이거나 번쩍거리는 경우에 더욱 그러하다. "보청기를 끌 수도 있지만, 그런다 하더라도 진정한 정적은 알지 못해요."

밤 운전 중에 멀리 몇 킬로미터 떨어진 거리에 라디오 송신탑이 보입니다. 송신탑 위에는 빨간색과 하얀색으로 된 일련의 불빛이 있고요(각 색깔은 고유의 음, 음색, 조가 있죠). 그 불빛이 깜박거리는 소리가 들리는데, 가까이 다가갈수록 강도가 높아집니다. 이제 여기에 도로 가장자리의 야간 반사 장치가 추가돼요.

내가 보는 그것들은 모두 '핑' 소리를 냅니다. 그리고 도로의 중앙선 역시 자기만의 소리를 내요. 모든 자동차의 전조등에는 선율이 있어요. 음색은 도플러 효과처럼 상대적인 위치에 따라 달라집니다.

심지어 낮에도 내 눈은 제2의 '고막' 한 쌍으로 작동합니다. 나는 하늘과 나무의 소리를 들어요. 내 눈이 지각하는 모든 것이 소리를 냅니다. 모든 색깔은 선율을 '발산해요'. 강도, 밝기, 위치 등이 모두 '소리의 질'에 영향을 미치죠.

움벨트로 되돌아가다

각각의 감각은 동일한 물체나 사건에 대해 다른 감각과 연관된 입력을 수신하기 때문에, 누구도 일상의 감각적 사건을 분리된 채로 경험하지 않는다. 각 감각양식은 지각하는 사람이 전혀 알지 못하는 와중에 다른 감각에 크게 영향을 받는다. 그것이 우리가 당연하게 받아들이는 자신의 움벨트이며, 우리가 익숙해진 현실의 결이다. 보는 것, 듣는 것, 움직이는 것 모두 이미 서로에게 대단히 밀접하게 영향을 미치므로, 형편없는 복화술사조차 우리에게 인형이 진짜로 말하고 있다는 확신을 준다. 영화관에서는 복화술사의 환상이 우리를 속여 등장인물들의 대화가 실제로는 주위의 스피커, 그것도 아주 여러 개의 스피커에서 나오는 것인데도 화면 속 등장인물의 입에서 나온다고 믿게 만든다. 착각은 설득력이 강하고 저항할 수 없다. 심지어 유아들도 속아 넘어간다.

맥거크 효과는 어떻게 음성과 입술의 움직임이 주는 단서가, 소리와 시각적 신호가 음소와 단어 범주에 채 할당되기도 전에 서로 결합할 수 있는지를 보여준다. '바'라는 소리가 '가'라고 말하는 입술 움직임과 함께 보여지면 '다'라고 지각된다(유튜브에서 'McGurk effect' 또는 '맥거크 효과'로 검색하면 시연하는 동영상을 볼 수 있다).

시각과 청각이 경쟁하면 전형적으로 시각이 청각보다 우세하지만, 때로 그 관계는 섬광 착시 효과illusory flash effect에서처럼 반대로 갈 수도 있다. 섬광 착시는 한 번의 섬광이 두 번의 신호음을 동반하면, 마치 두 번 번쩍인 것처럼 보이는 현상을 말한다. 이와 유사한 착시로 청각 조종auditory driving이 있는데, 조명이 깜빡거리는 속도가 이 조명에 동반되는 소리의 속도에 따라 빨라지거나 느려지는 것처럼 보이는 현상을 말한다. 이처럼 단순하지만 강력한 착시는 눈에 보이는 것과 소리가 신호 처리의 초기 단계에 강하게 결합한다는 것을 확인시킨다.

뇌세포의 전기적 활동을 기록하는 생리학적 기법은, 쿵 하는 소리와 번쩍거리는 불빛이 같은 장소에서 동시에 발생할 때 세포의 활성 수준이 두 감각을 각각 따로 입력했을 때의 반응을 합친 수준을 초과한다고 보여주었다. 맥거크 효과에서처럼 타인이 말하는 모습을 관찰하는 것이 처리 과정의 초기 단계에서 들리는 말소리에 영향을 준다는 사실이 영상 연구를 통해 입증되었다. 촉각 또한 낮은 수준의 신경 교차 연결을 통해 우리가 보는 것에 영향을 미친다. 그리고 얼굴 표정을 알아채지 못했더라도, 화자의 목소리에 묻어 있는 감정이 우리의 판단에 색을 입힌다. 두피 전극 측정 결과는 이러한 통합이 초기에 일어난다고 말한다.

네 살짜리 어린아이도 성인과 동일하게 음량, 밝기, 음높이 사이에서 일어나는 교차감각 연결을 바로잡는다. 심지어 생후 한 달 된 신생아도 밝기와 음량의 수준을 동일시한다(그들이 바라보는 곳을 관찰함으로써 알 수 있음). 이러한 합치는 반드시 학습해야만 알 수 있는 상대적인 맥락보다는 이미 깔려 있는 강한 배선에 더 의존하는 게 분명하다. 그러한 연결이 삶의 초기는 물론이고 초기 신경 단계에 확립된다는 사실은, 지각된 유사성이 언어와 무관하다는 사실을 암시한다. 성인의 지각은 맥락에 따라 굴절되므로, 우리는 불변의 교차감각적 대응이 유아기에 자연적으로 존재했다가 발달 과정에서 좀 더 맥락적으로 변한다고 추론할 수 있다.

지금까지 말한 것으로 판단해보면, 교차감각적 상호작용은 분명히 흔하다. 교차감각이 처음 발생하는 과정을 설명하는 두 가지 지배적인 이론에 '통합integration' 이론과 '분화differentiation' 이론이 있다. 통합 관점은 개별적인 감각 통로가 출생 후

초기에는 분리되어 있다가 발달 과정을 거치고 또 세상을 살아가면서 축적된 경험을 바탕으로 차츰 합쳐진다고 주장한다. 분화 이론은 정반대의 관점을 갖고 있다. 즉, 감각은 원시적이고 인간 본연의 통일체에서 생겨난 다음, 유아가 성숙하면서 서로 분리된다는 것이다.

우리를 포함한 수많은 조류와 포유류 새끼들은 다양한 감각 영역에서 작용하는 해부학적 연결고리를 갖고 있다. 그중에서도 소리와 시각 사이의 연결이 가장 빈번하다. 소리는 갓 태어난 인간 아기의 시각 피질에서도 감지할 수 있는 수준의 반응을 유발하는데, 이것은 생후 6개월 이후에 강도가 줄어들지만, 최대 30개월까지도 여전히 감지된다. 우리의 가까운 친척인 마카크 원숭이는 측두엽의 일차청각피질과 다감각 영역에서 평생 동안 시각 영역인 V1으로 투사가 일어난다. 이러한 교차감각적 연결이 외부에서의 시각 입력에 의해 확립된 것은 아니므로 그렇다면 유전적으로 프로그램된 게 틀림없다.

인간의 유아는 강도, 속도, 지속 시간, 리듬, 시간 동기화, 공간에서 동시 위치와 같은 비감각적 특징을 파악하는 데 뛰어나다. 예를 들어, 손뼉을 치는 장면과 소리는 시간, 박자, 리듬의 동기화를 공유한다. 비감각양식적 특성을 능숙하게 감지하는 건 유아의 인지 능력이 성숙하기 위해 필요한 '선택적 주의력'의 기본 요소다. 비감각양식적 정보를 감지하고 사용하는 능력이 어릴 때부터 나타난다는 사실은, 뇌의 발달이 전체적으로 통합된 감각에서 시작해 성인이 되면서 완전히 분리되지 않은 채 남아 있는 부분을 점차 개별 모듈로 분화하는 방식으로 진행된다는 관점을 뒷받침한다.

통합과 분화의 관점은 상호배타적으로 경쟁하기보다 상호보완적일 때 가장 바람직하다. 지각 기술이 발달하는 초기 과정 중에 일어나는 분화와, 감각 영역 전체에서 통합 중인 감각 특이적 입력 사이의 비감각적 관계가 함께 작용하여 우리의 움벨트를 만들어낸다. 지각은 비록 우리가 그 사실을 거의 인지하지는 못하지만 어쨌든 근본적으로 다감각적이다. 뇌가 성숙하면서 지각이 분화하는 유아기의 지각이 다감각적임이 분명하다면 이를 바탕으로 왜 어떤 사람은 공감각자로 남는지에 대한 두 가지 가능성을 생각해 볼 수 있다. 공감각자는 대부분 사람이 잃어버리는 미숙한 상호작용을 더 많이 보유했거나, 또는 대다수 사람들에게서는 의식 아래로 가라앉아 숨어버린 정상적인 다감각 과정을 숨김없이 끌어올린 사람일 것이다.

나는 공감각자들이 다감각 입력의 정상적인 통합의 토대가 되는 네트워크 경로에 접속한다는 표현을 좋아한다. 기존 경로를 확장할 수만 있다면, 공감각자가 비공감각자와 완전히 다른 새로운 신경 구조를 가질 필요가 없기 때문이다.

오르가슴, 아우라, 감정, 촉각

오르가슴에 대해 말하기 전에—이제야 당신의 관심을 끌었을
텐데—먼저 공감각에서만이 아니라 모든 지각 현상에서 감정
의 역할에 대해 폭넓게 생각해보자. 사람의 감정은 무수한 모습
으로 나타나는데, 어떤 것은 명확하고 어떤 것은 불명확하다.
내가 "여러분 중에 얼마나 많은 사람들이 연기와 폭발을 좋아
합니까?"라고 묻는다면 손을 드는 사람은 거의 없을 것이다. 그
러나 "여러분 중에 불꽃놀이를 좋아하는 분이 얼마나 됩니까?"
라고 물으면 모두가 긍정적인 반응을 보일 것이다.

　그렇다면 사람들은 왜 불꽃놀이를 좋아할까? 수백만 개의 폭발
물이 전 세계에서 시시때때로 터지고, 수백만 명이 그것을 보기
위해 밖을 나선다. 그러나 그게 뭐길래? 색색의 빛, 움직이는 섬
광, 불꽃, 그리고 펑 소리? 그것들은 자연에 존재하는 진짜가 아니

다. 무언가를 대신 표현하지도 않으며 지적인 차원에서 어떤 것도 연상시키지 못한다. 그리고 피트 몬드리안Piet Mondrian이나 잭슨 폴록Jackson Pollock의 그림처럼 추상적이다. 하지만 여전히 격렬한 반응을 일으켜 수백만 명을 기쁨에 눈물짓게 하고 흡족한 마음으로 발길을 돌리게 한다. "정말 멋졌어!" 사람들은 그것이 정확히 무엇이었는지는 말할 수 없지만 어쨌든 그렇게 소리친다. 다른 어떤 형태의 추상적인 시각적 표현도 이처럼 인기를 누리지는 못할 것이다.

아마도 우리가 불꽃놀이의 폭발에 끌리는 이유는, 불꽃놀이가 정상적으로는 의식 속에서 볼 수 없는 어떤 원시적인 형태를 모방하기 때문일 것이다. 그것들이 우리가 언뜻 보고 말았던 뭔가를 우리의 미시발생적 뇌에 울려 퍼지게 하는지도 모른다. 미시발생microgenesis은 대부분의 감각 입력은 '절대 지각되지 않는다'라는 단순한 사실에서 생겨난 조직의 틀이 된다. 그 출력의 끝에서, 경험은 언제나 정서적 유의성emotional valence(심리적으로 끄는 힘의 정도 – 옮긴이), 즉 어떤 경험에 내재한 끌림이나 해로움에 대한 자동적이면서 의도하지 않은 평가를 동반한다. 1900년으로 돌아가, 노벨상 수상자인 찰스 셰링턴Charles Sherrington은 다음과 같이 말했다. "정신은 어떤 사물도 철저히 무심하게, 다시 말해 '느낌' 없이 지각하는 법이 거의, 아마 절대로, 없다. 모든 것은 감정과 밀접하게 연관되어 있다."

그렇다면 느낌이란 인지와 지각의 근본적인 일부다. 앞선 책에서 나는 "공감각이란 근본적으로 사물에 '의미meaning'를 더하는 유의성valence과 현저성salience(다른 것과 비교해 두드러지게 보이는 정도 – 옮긴이)을 계산하는 간단한 방식으로 볼 수 있다"라고 말했다. 의미는 감정과 밀접하게 얽혀 있다. 여기서 감정emotion과 느낌feeling을 주의해서 구분해야 하는데, 일상의 언어에서는 대개 두 단어가 혼용되지만 과학적인 관점에서 이 둘은 동일하지 않다. 감정은 학습되지 않은 행동으로, 느끼지 않아도 자동으로 재생되는 대본인 반면에, 느낌은 그 대본을 정신적으로 읽어내는 것이다. 그렇다면 정의에 따라 느낌은 감정의 작은 일부일 뿐이다. 학습되지 않은 감정의 결과물은 신체 상태를 변화시키기 때문에 흔히 '직감gut feeling'이라고 말한다. 그러나 실제 우리 몸에서는 장gut 이상의 것이 활성화된다. 안면 근육 및 골격근, 전반적인 자세, 호흡, 심박 수, 장기臟器, 그리고 더 깊숙이 들어가 한 사람의 내부 환경 속 화학 수프까지 말이다. 감정이란 원래 항상성homeostasis(모든 생물이 내적 환경을 안정적으로 유지하고자 하는 성향)을 유지하기 위한 일상적인 감독 과정으로서 진화했기 때문에, 모든 감정은 근본적으로 생명의 유지 및 관리와 관련이 있다. 감정의 대본은 느낌이라는 정신적 판독이 우리로 하여금 그것을 검토하게 할 때까지 무의식 중에 재생된다.

형태 상수

원시적이고 비정형적인 형태는 공감각의 전형이다. 그것들은 또한 1920년대에 하인리히 클뤼버Heinrich Klüver가 처음 발견한 형태 상수form constant의 역사를 갖고 있다. 이 독일 심리학자는 시각적 환각에 대한 사람들의 주관적 경험을 더 깊이 이해하고 싶어 했다. 그래서 메스칼린으로 환각을 유도했으나, 실망스럽게도 피험자들은 자신이 본 '형언할 수 없는 형상'에 쉽게 압도되어 말을 잃었다. 선명한 색상과 그 순수한 참신함이 이미지의 배열보다 더욱 이들을 사로잡았다. 또한 피험자들은 자신이 본 것을 직접적이고 꾸밈없이 서술하기보다, 우주적이고 종교적인 해석에 무비판적으로 빠져들었다.

그래서 클뤼버는 피험자들이 실험에 신중하게 참여하고, 자신이 본 바를 실제로 감지한 것에서 벗어나지 않게 보고하도록 훈련했다. 그리고 마침내 자신이 터널과 원뿔, 중앙 방사형, 격자와 벌집 구조, 나선형이라고 이름 붙인 네 가지 기본 형태를 확인했다. 이것들이 형태 상수를 구성한다(그림 8.1).

색상, 밝기, 대칭, 중복, 회전, 파동의 변이는 개인의 경험 사이에 미묘한 차이를 덧붙였다. 이러한 기본 구성은 왜 공감각자들이 음악을 들을 때 풍경화 같은 장면 대신 격자무늬, 지그재그, 원형의 방울, 거미줄 또는 기하학적 형상을 체험하는지 설명하는 데 도움이 된다. 형태 상수는 마이클 왓슨이 자신이 맛본 도

작은 원, 포도송이, 무정형의 물방울

중앙 방사형, 방사상 대칭, 만화경

격자무늬, 뇌문(번개무늬)

기하학적 선: 직선, 각진 선, 둥근 선

| 섬광, 분출 | 반복 | 움직임 | 회전, 나선형 |

그림 8.1 클뤼버가 제안한 형태 상수의 일반적인 모양. 환각, 공감각, 심상 및 기타 교차감 각적 연상에서 흔하게 나타난다.

형을 대체로 기하학적이라고 느낀 이유를 알려준다. 시각적으로 통증을 체험한 다른 공감각자는 통증이 기하학적 모양을 가졌다고 서술했다.

클뤼버는 중추신경계 구조 안에, 제한된 지각의 틀이 내재되어 있다고 제안했다.

이 분석을 통해 … 많은 형태와 형태의 요소가 밝혀졌다. … 개인 간, 그리고 개인 내 차이가 아무리 크더라도 위에서 설명한 형태와 배열의 겉모습은 상당히 일정하다. 우리는 이것들을 '형태-상수'라고 부를 수 있다. 거의 모든 메스칼린 환각에 일정하게 등장하며, 그외에도 많은 '비정형적' 환시를 자세히 조사해보았으나 이 형태 상수의 변형에 지나지 않았다.

후에 과학자들은 클뤼버의 연구를 반복, 확장했다. 환각의 반복적 요소들은 시각 시스템 자체에 특정한 규칙성—이를테면 기본적인 지각 구조를 선호하게 하는 일부 기초적인 해부학적 또는 기능적 단위처럼—이 있음을 알려준다. 편두통 전조 단계, 감각 차단, 정신 질환, 섬망, 입면 환각(수면 직전 순간적으로 몽롱한 상태) 등 다양한 비공감각적 상황에서 이와 비슷하게 발생하는 일반적인 이미지가 이 주장을 뒷받침한다.

클뤼버가 찾아낸 기본적인 배열은 단순히 시각적으로 표현되는 상수가 아니다. 더 넓게 보면 공간 확장이 가능한 어떤 감각에서도 표현될 수 있는 '감각 배열'이다. 촉각과 전정 감각은 둘 다 시각처럼 신체 외부에 위치할 수 있다. 마이클이 만졌던 모양은 공간 속에 자리잡고 있다. 박하의 맛을 '차가운 유리 기둥'이라고 묘사할 때, 그는 그것들이 줄지어 있는 속으로 '손이 닿았고', '손을 돌려 뒤쪽의 곡면을 문질러, 높고 차갑고 유리처럼 매끄러운' 것을 느꼈다고 말했다. 심지어 평범한 맛조차 입안의 여러 군데에서 느꼈다. 맛-색깔 공감각에 관해 쓴 문학작품에서도 공간 확장이 언급된 적이 있다.

형태 상수는 불꽃놀이처럼 자연적이지 않은 어떤 것이 우리에게 만족감을 주는 매력이 무엇인지 설명하는 데 도움이 될 것이다. 하지만 형태 '상수'라는 용어에 함축된 의미는 우리의 지각이 변하지 않는다는 거짓 인상을 준다. 그러나 실제로 이 요소들은 불안정하고, 한 패턴이 다른 패턴을 대체하는 상호작용 속에 끊임없이 스스로 재조직한다.

소외감과 공감

외로움과 고립감은 흔히 공감각자의 인격 형성기에 빈번하게 나타난다. 한 사람의 삶에서 가장 개인적이고 의미 있는 경험이 괴상하다거나 관심을 끌려는 행위라고 무시받거나, 혹은 정신이 이상하다고 비하된다면 그렇게 되는 것도 당연하다. 다른 사람들은 자신처럼 세상을 지각하지 않는다는 사실을 알게 되었을 때, 자기 정체성은 영향을 받게 마련이고, 깊은 이질감을 형성하게 될 것이다.

장난감 디자이너로 일하는 매튜는 "이상하게 나는 내가 세상에서 동떨어졌다는 생각이 든다"라고 말한다. 한 대학 강사는 "내가 보는 색깔이 나를 남과 다르게 만드는 현실에 아주 익숙하다. … 어려서 다른 사람들에게 이 색들에 대해 말하고 그들의 반응을 보는 것은 일종의 우정 테스트였다. 나를 믿지 않는 사람과는 친구가 되고 싶지 않았다"라고 털어놓았다. 평생 동안 받게 되는 평범하지 않은 반응이 축적되어 자신, 타인, 그리고 세계를 대하는 태도에 영향을 준다.

그것은 화요일에 어떤 옷을 입을까부터 시작해서 특정인에 대한 느낌에 이르기까지 개인적 취향에 다방면으로 영향을 미칠 수 있다. 크리스 폭스는 낮 동안 기분이 변하면, '실제 내 자신의 감정과 내가 느낀 색깔의 감정이 일치하지 못하고 한쪽으로 기울어진' 기분을 느꼈다고 말했다. 조카가 아기의 이름을 '회색에 못생긴' 폴이라고 지을까봐 걱정했던 스위스 여성 진의 고통을 떠올려보라. 알파벳 J는 '끔찍한 색'으로 보이고, 파란색을 별로 좋아하진 않지만 알파벳 A의 파란색만큼은 멋지게 보여 자신을 알파벳 A로 시작하는 '알렉산드라'라고 부르게 만든 공감각의 소유자는 진만이 아니다. 만약 모든 지각에 감정의 무

게가 있다면, 그 무게는 공감각자들에게 특별한 의미로 다가온
다. 그들의 움벨트에는 나머지 사람들이 거의 이해하지 못할 수
준의 감정이 실려 있다.

공감각자들이 '끝내주게 멋진' 이름에 대해 신나게 떠들어대
거나, 전화번호의 색깔 패턴을 '즐겁다'라고 부르는 것은 드문
일이 아니다. 미셸은 다음과 같이 말했다. "나는 암산을 정확하
고 '즐겁게' 할 수 있다. ··· 나는 거리의 지도를 상상하는 일이
'쉽고 만족스럽다'는 걸 알았다. 나는 길찾기 선수다." 어느 신
경병리학과 교수는 이렇게 말했다.

> 공감각 형질이 있다는 건 '아주 즐거운' 일입니다. 전 정확한 순
> 서 ··· 신경병리학 분류군과 이름을 기억하는 데 의식적으로든
> 무의식적으로든 공감각을 사용하는 편이에요. 특히 신경 해부
> 구조, 당신도 뇌의 그 아름다운 색 배열을 꼭 보셔야 합니다!

반대로, 지각이 일치하지 않을 때는 칠판을 손톱으로 긁을 때
와 같은 기분이 든다. 자극과 지각의 불일치는 무조건적인 자극
이 되어, 그렇지 않으면 중립적이었을 어떤 것에 대한 부정적
태도를 갖게 한다. 한 여성은 부모님과 교회에 가는 것을 그만
두었다.

그 교회에서 나오는 음악의 불건전한 색깔과 소리를 참을 수 없어요. 내가 거기에 가지 않는 진짜 이유—그러니까 공감각 부분—를 굳이 말하지는 않았죠. 그렇게 끔찍해 '보이는' 음악으로 나 자신을 고문할 생각이 더이상 없을 뿐입니다.

공감각자의 삶에서 자극과 지각의 불일치는 불가피한 현상이다. 한 공감각자는 이렇게 불평한다. "정말 참을 수 없어요. 완전히 잘못됐다구요. 이건 마치 방에 들어갔는데, 의자가 모두 거꾸로 놓여 있고 모든 게 제자리에 있지 않은 것 같아요." 비공감각자들에게는 사소해 보이는 것이라도 공감각자들에게는 대단히 강한 감정을 불러올 수 있다.

공감각은 그 효과가 널리 확산된다. 공감각자 개인은 물론이고 그가 상호작용하는 사람들에게도 영향을 미친다. 많은 사람이 자기가 강한 직관력을 갖고 있다고 주장하며, 또 실제로 이들의 정서 지능과 사회 지능은 높은 편이다. 이들은 감정을 특정한 색깔, 모양, 맛으로 구체적으로 감지함으로써 강렬한 느낌을 경험할 뿐 아니라, 한편으로 그와 같은 느낌을 파악해 자신, 또는 타인과의 충돌을 쉽게 해결할 수 있다. 한 공감각자 여성은 이렇게 말했다. "비공감각자와 이야기하는 게 힘들 때가 있어요. 이해가 너무 느리거든요." 또 다른 공감각자는 타인을 쉽게 읽는 능력에 수반되는 섬세함을 이렇게 드러낸다.

남자친구가 내적 갈등을 겪으면 전 그걸 색깔로 봅니다. 공기 중에 빨간색이나 갈색, 심지어 노란색이 나타나요. 정작 본인은 무슨 일이 일어났는지 잘 알지 못합니다. 그리고 뭔가 잘못됐다는 걸 제가 자기보다 먼저 알았다는 걸 알아봤자 그의 자신감에는 도움이 안 될 거예요.

공감각자가 자기도 모르게 내적 영역을 바깥세상과 비교하게 되는 일은 낮은 수준의 자극에서도 일어난다. 단순한 자소에도 감정의 무게를 실을 수 있으므로, D는 멍청하고, F는 바보 같고, R은 순종적이라고 생각한다. 어느 공감각자에게는 촉감이 기분을 끌어낸다. 데님의 촉감은 확실히 우울증을 유발하지만, 테니스공을 쓰다듬으면 금세 행복해진다. 이러한 개인적 경험의 타당성은 피부 전도 반응, 검사-재검사, 진술한 감정과 일치한다고 독립적으로 판단된 얼굴 표정 녹화로 확인되었다. 생리학적으로 보았을 때, 감정 네트워크는 신중하고 이성적인 추론의 밑바탕에 있는 네트워크보다 수백 밀리세컨드 더 빠르게 작동한다.

공감각이 특별히 강할 때, 사고thinking는 루리야의 S에게 그랬던 것처럼 더욱 정확하고 구체적일 수 있다. 이미지는 그 자체가 지배적인 요소였다기보다, 한 이미지의 연관성이 다른 연관성으로 이어지면서 그의 사고를 이끌었다. S는 공감각적 느낌을 억누르지 못해, 단어의 의미와 유의미한 세부사항에 주의를 기울이기 힘들었다. 이야기를 들을 때에도 여러 감각이 뒤엉켜 줄거리를 이해하기가 불가능해지곤 했다.

S는 자신의 공감각 이미지를 쉽게 조작할 수 있었지만, 추상적 관념에, 그리고 특정한 접촉을 일반적인 개념으로 전환하는 데는 서툴렀다. 아마도 시각적 경험의 상세한 내용은 본질적으로 반복할 수 없는 것이라 고군분투했을 것이다. 세부적인 내용들이 하나의 에피소드를 구성하는 반면, 한 이야기나 에피소드의 의미론적 관념은 언어의 통화currency에 해당하고, 그 세부적인 사항들은 이후에 일어나는 일상적인 사건에 의해 쉽게 간섭받을 수 있다. 정확하게 말하면 이것은 구체적인 수준의 정신적 부호화이며, 개념적으로는 부족하지만 감각적으로 풍부하므로 개별 에피소드가 생생하고 오래 기억된다.

S는 루리아에게 이렇게 말했다. "저에게는 상상하는 것과 실제 존재하는 것 사이에 큰 차이가 없습니다." S의 현실은 유동적이었다. 식당 음식의 맛은 배경 음악에 따라 달라졌고, 음식의 맛이 글을 이해하지 못하게 방해했기 때문에 밥을 먹으면서 책을 읽을 수 없었다. 동음이의어는 소리가 비슷해 같은 공감각을 불러왔으므로, 그 둘을 구별할 수 없었다. 같은 이유로 동의어도 혼란스럽기는 마찬가지였다. 두 단어의 소리가 그렇게 다른 모습, 냄새, 촉각, 맛을 만들어내는데, 둘을 '구분'하고 '구별'

하는 것이 무슨 의미가 있겠는가?

공감각 리스트의 회원인 윌로우 머레이는 《호빗》의 '고블린goblin(도깨비, 괴물)'에게서 이미 칙칙한 갈색에 푸석푸석한 느낌을 받았기 때문에, 같은 시리즈물인 《반지의 제왕》에서 고블린 대신 '오크orc(괴물)'라는 단어를 사용했을 때 거슬렸어요. 왜냐하면, 오크는 훨씬 밝고 거무스레한 파란색 느낌이 나고, 설명하기는 어렵지만 뭐랄까 한입 물면 잇자국이 남을 것 같은 탱탱한 질감이었거든요"라고 말했다.

마르티 파이크는 S와 비슷한 어려움을 겪었다. 마르티는 책을 읽을 때, 먼저 자신에게 익숙한 방이나 장소를 떠올리고 그걸 책에 묘사된 설명에 맞게 바꿔 머릿속에 배경을 그려야만 줄거리나 등장인물에 관해 자세히 말할 수 있었다.

책 속에 나오는 상점을 내가 전에 알고 지내던 사람들의 거실, 특히 내가 자주 방문했던 곳으로 다시 배치해 상상해요. 물론, 가장 자주 사용하는 것은 내 집이죠. 지금 살고 있는 집이든, 할머니 집이었을 때 기억나는 모습이든.

다른 사람의 장소에 있는 자기 자신을 상상하는 것은 '공감empathy'의 기초로, 이 단어는 그리스어로 '느낌 속에 있는'이라는 말에서 왔다. 다른 사람의 마음을 읽는다는 것은 인류의 가장 근본적인 능력 중 하나이며, 유아들이 가장 먼저 배우는 것 중 하나이기도 하다. 유아는 얼굴 표정, 목소리의 억양, 몸짓, 바디랭귀지를 주고 받고 읽어내며 정서 지능을 발달시킨다. 얼굴 표정은 비언어적 의사소통 채널의 중심으로, 45개 이상의 근육이 무한한 뉘앙스를 만들어낸다. 그런데 얼굴에 보톡스를 맞은 사람들이 다른 사람의 감정을 읽을 수 없다는 사실이 놀랍지 않은가?

타인의 마음을 읽는 능력은 부분적으로 자신의 얼굴 근육을 상대와 비슷하게 맞추려는 대뇌피질의 특별한 거울뉴런에 달려 있다. 따라서 보톡스를 맞아 근육이 굳은 상태에서는 상대가 느끼는 것을 느낄 수가 없다. 사이먼 배런코언은 우리의 직관과는 달리 거울 촉각 공감각이 고조된 감정이입과 무관하다는 것을 보여주었다. 사실 거울 촉각 공감각은 인지적 공감 능력이 부족한 자폐성 장애 스펙트럼에서도 나타날 수 있다. 또한 이 공감각은 사람을 만질 때보다 관찰할 때 발생한다. 따라서 거울 촉각 공감각 그 자체는 공감을 '느끼기' 위한 충분조건이 아니며 어쩌면 필요조건도 아닐 수도 있다. 공감에 있어서 거울상은 식별, 상상, 기대라는 높은 수준의 특징을 더 많이 사용한다. 이를 위해서는 많은 네트워크를 끌어모아 통합해야 한다. 우리는 모두 어느 정도 거울-통증 공감각을 지니고 있다. 왜냐하면 예컨대 뭔가 섬뜩한 것을 보거나, 다른 사람이 다치는 것을 보면 자

신이 고통을 느낄 때 반응하는 네트워크가(뇌줄기와 척수까지 뻗어
내려오는 것을 포함해) 똑같이 활성화되기 때문이다.

거울뉴런은 타인의 의도를 해독하고 그들이 무엇을 할지 예측하는 일에 크게 관여한다. 거울뉴런은 다른 사람이 자신처럼 행동하는 것을 볼 때 점화되기 때문에, 다른 사람이 행하고 느끼는 것을 우리 자신과 동일시하도록 도와준다. 거울뉴런은 우리가 타인에 공감하는, 따라서 상대방의 고통, 혐오, 두려움, 놀라움을 느끼는 능력에 일조한다. 그리고 타인의 감정적 태도를 직감해 의도를 헤아릴 수 있게 한다. 공감, 그리고 타인을 읽는 능력은 우리가 갈고닦을 수 있는 기술이다. 거울뉴런은 우리가 자기 생각을 타인의 생각과 구분하고, 서로 다른 관점을 갖고 있음을 인지하고, 그들이 생각하고 의도하는 것을 추론하는 능력인 '마음 이론theory of mind'을 가능하게 하는 신경 네트워크의 일부를 형성한다.

투사投射와 복숭아

일부 공감각자들이 자소를 인격화하는 같은 방식으로, 어떤 공감각자들은 자신의 느낌을 타인이나 생명이 없는 물체에 투사한다. 일례로, 수잔 미한은 이렇게 말한다.

어이없을 거라는 건 알지만, 지난주에 남편과 마트에 갔다가 농

산물 코너에서 남편의 팔을 붙잡고 이렇게 말했어요. "저 복숭아들이 왜 저렇게 긴장하는지 이유를 모르겠어."

또 어떤 공감각자는 바나나 송이에서 바나나를 떼어낼 때마다 주저한다. 왜냐하면 그 바나나가 '외로울까 봐'. 도대체 이들에게 무슨 일이 일어나고 있는 걸까?

이런 현상은 감정의 오귀인misattribution, 다르게는 투사projection라고 알려진 것이다. 공감각자들은 이런 행동을 자주 보이기 때문에 이것을 부수 현상, 즉 공감각 뇌에 따르는 2차 효과라고 여긴다. 그리고 이 투사는 인지 오류 공감각자들이 주장하는 데자뷔나 외계인 납치, 천리안, 예지몽, 영적 존재를 느끼는 능력, 염력 등 모종의 비정상적인 경험을 설명해준다.

과학적으로 우리는 이런 경험을 곧이곧대로 받아들일 수 없다. 가장 큰 문제는 바로 이것들이 소위 '기이한 경험'이라는 건데, 아무도 '기이함'의 정확한 기준을 알지 못하기 때문이다. 대단위 무작위 표본을 조사해 기이한 경험의 기준을 세운 사람은 없다. 하지만 인구의 상당수가 UFO에 의한 납치를 믿는 걸 보면, 이 이상한 경험의 기준치가 관습이 예측하는 것보다 훨씬 높을 것으로 예상된다. 광범위한 인터뷰 결과를 보면, 사람들은 증거나 논리가 부족한 상황에서도 종종 확고한 신념을 보여준다. 그리고 누구라도 일단 자각하고 나면 직접적 체험은 평범하지 않은 사건이라도 결코 그렇게 특별하거나 이상하다고 느끼지 않게 만들 것이다. 우리는 통상 공감각자들의 자기 인지도가 높으며, 비공감각자들에 비해 정상 범위에서 벗어난 사건을 더 기꺼이 드러내는 경향이 있음을 알고 있다. 언젠가 우리 모두 기이한 일을 경험하게 되겠지만, 그 일들이 모두 적절한 원인을 갖고 있는 것은 아닐 테고, 그렇다고 분명히 초자연적인 것도 아닐 것이다.

일부 공감각자들의 대뇌변연계에서 정상의 기준치가 더 높거나, 대뇌변연계와 감각 구조 사이에 연결성이 더 풍부한 것이 사실이라면, 그들이 지각하는 오싹한 경험은 왕성한 대뇌변연계 활동이 특징인 신경학적 질환에서도 비슷한 증상이 나타난다는 사실을 고려했을 때 충분히 납득할 만하다.

심리적 경험은 발작, 특히 측두엽 변연계 발작과 오랫동안 연관되어 왔다. 이 발작 환자들은 육체 이탈(자기상 환시: 자기의 몸 밖에서 자신을 보는 일 – 옮긴이), 강제 사고, 기억의 회상, 불길한 조짐 또는 비현실적인 기분을 가질 수도 있다. 데자뷔(기시감)라는 말은 '이미 본' 또는 '이미 경험한' 일이라는 뜻으로 사람들 사이에서 흔히 일어나는 현상이다. 이 용어는 이미 과거에 목격했거나 겪었던 순간을 다시 경험한다는 인상을 주기 때문에 종종 예지력이나 선견지명이 있다는 그릇된 결론을 내리게 만든다("이렇게 익숙한 걸 보면, 이 일이 일어날 거라는 걸 알고 있었던 게 틀림없어").

알고 있다는 느낌과 실제로 아는 것에는 큰 차이가 있다. 그러나 사람들은 보통 둘을 굳이 구별하지 않는다. 인간은 또한 엉터리 통계학자로도 악명 높다. 사람들은 자신이 중요하다고 느끼는 사건에 집중하고, 자신의 생각과 다르게 판명난 과거의 사건은 잊어버린다. 간단히 말해 우리는 보통의 평범한 것을 무시하고 자기에게 중요한 것만 과대평가하는 경향이 있다.

페니는 자신을 '찾아오거나 돕는' 색깔 덩어리를 본다. 한번은 어려운 시험을 치르고 있었는데, 반투명한 빨간 얼룩이 시험지를 작성하는 그녀의 손등을 덮었다. 또 한번은 페니가 대단히 감정적인 주제로 편지를 쓰고 있을 때 "따뜻한 파란색 빛이 왼쪽 팔과 어깨에 마치 태양이 비치는 것처럼 맴돌았다". 그녀를 '찾아오는 색깔'에는 매일 나타나는 3×4인치의 보라색 타원형과 그녀가 아기를 재울 때 빈번하게 나타나는 더 작은 푸른 불빛이 있다. "나는 이것을 천사라고 생각하지만, 그게 진짜 무엇인지 누가 알겠어요." 이 모든 시나리오에서 페니는 감정이 고조된 상태였음을 주목하자.

페니가 기술한 영적인 존재에 대한 느낌이나 방문객을 맞이하는 것은 신경학에서도 알려져 있으며 측두엽 아래 부위의 병변과 관련이 있다. 전문용어로 중저기부 편도 해마 복합체 medobasal amygdala-hippocampal complex는 의미, 한 사람의 자아의식, 그리고 종교적이고 우주적이며 개인을 초월한 관심사를 포함해 공간과 시간의 관계와 연관이 있다. 발병한 사람들은 몽환적인 상태, 불타는 고무나 썩은 달걀에서 나는 것 같은 이상한 냄새, 영적인 존재가 주위에 있는 것 같은 느낌, 떠다니는 기분, 불길한 느낌 등을 보고한다.

신경학에서 배운 또 다른 가르침이 위의 모든 것들을 특징짓는 부적절한 감정에 대한 특정 메커니즘을 암시한다. 심인성 발작(정신적 발작)이란 경련이 없는 육체적 감각, 정서적 반응, 사고의 흐름(강제 사고)을 일으키는 발작파epileptic discharges를 말한다. 반복적인 발작 작용이 두 개 이상의 뇌 영역 간의 연결을 증가시키는 발화kindling 상태를 야기한다는 사실은 오래전부터 알려졌다('kindling'이란 점화點火, 발화發火, 불쏘시개 등을 의미하는 용어로, 신경과학에서는 뇌의 어떤 특정한 구조에 약한 전기적 또는 화학적 자극을 주어 간질 발작의 역치를 낮춰주는 현상을 말한다 - 옮긴이). 발화란 원래는 경련을 일으키지 못하는 낮은 수준에서 전기적 자극을 반복했을 때 점차적으로 발작을 일으킬 영구적인 민감성을 유도한다는 유전적인 측면을 가지고 있다. 예를 들어 반복된 발작과 발화가 함께 감각-편도 연결성을 강화하면, 나중에 환자는 특정한 감각적 입력—이후에 차츰 의미 있게 되는(예를 들어, 파란색이 별다른 이유 없이 특별한 중요성을 가지게 되는)—에 대한 반응으로 감정이 격해지는 것을 느낀다. 따라서, 공감각자의 뇌에서 측두엽-변연계 구조가 강화되면, 공감각자들은 갑자기

'자신이' 야기하지 않은 감정을 느끼게 된다. 어디선가 갑자기 나타났지만, 쉽게 설명할 수 없는 그 감정은 외부 원인으로 책임이 잘못 전가된다. 이럴 때 심리적으로 사람들은 긴장한 복숭아의 경우처럼 말도 안 되는 설명으로라도 얼른 결론을 내리고 끝을 맺고 싶어한다. 일반 사람들과 비교했을 때, 공감각자는 단순히 '확대된 감정'을 가진 건지도 모른다.

드디어 오르가슴 차례가 왔다. 위에서 논의한 것을 바탕으로 공감각적 오르가슴이 더 잘 이해되기를 바란다. 오르가슴을 경험하는 동안 어떤 일이 일어나는지는 대부분 잘 알려지지 않았다. 오르가슴에 대해 이야기하지 않으려는 문화 탓에 과학적 접근이 어렵기 때문이다. 만약 모든 지각의 일부가 되는 정서적 유의성이 색깔, 모양, 질감 등을 유발할 수 있다면, 오르가슴은 그 자체로 하나의 독립된 부류나 다름없다. 촉각의 한 범주로서, 오르가슴은 정서가 감각을 유도하는 가장 강렬하고 발작적인 공감각 체험이다.

그러나 우리가 알고 있는 오르가슴적 공감각에 대한 대부분은 자발적으로, 그것도 거의 여성이 이야기한 것이다. 남성은 일반적인 공감각 경험을 공개하기 주저하는 것처럼 오르가슴에 대해서도 말하기를 꺼린다. 내가 한 남성에게서 들은 것이라고는 절정의 순간이 "서바이벌 게임장에 온 것처럼 오색찬란했고, 모든 것이 폭발했다"라는 정도였다. 그러나 여성은 오르가슴이 정말로 다양한 감각적 느낌을 유발한다고 확인시켜준다. 수잔은 이렇게 말한다.

제가 제일 좋아하는 오르가슴은 갈색에 평면의 정사각형 모양인데, 저도 그게 대수롭지 않게 들릴 거라는 건 압니다. 그러나 이 정사각형들은 대단히 즐거워요. 물론 다른 색깔과 모양도 있지만, 이것들은 특별히 멋집니다. 물론 남편은 전혀 이해하지 못해요. 하지만 내가 이것들을 볼 때면 남편도 만족해합니다.

"남편은 내가 보는 색에 대해 듣기를 좋아한다" 등은 흔히 반복되는 말이다. 오르가슴의 환시는 다음과 같이 다양하게 묘사된다.

- 색깔이 있는 조명이 눈부시게 번쩍거림.
- 검은 배경 위에서 움직이는 밝은 색채의 평면 도형.
- 밧줄이나 굵은 감초 가닥처럼 꼬아진 네온 파스텔.
- 비가 내린 뒤, 도로의 유막처럼 수많은 색깔들이 서로 섞여 있음.

그러나 내가 제일 좋아하는 스토리는 EM의 것이다.

나는 70세 노인인데, 24살 때 결혼할 남자와 처음 잠자리를 하면서 생각하는 방식이 달라졌다. 오르가슴을 느낀 순간, 난 범위, 질감, 거친 움직임, 그리고 불가능하다 싶을 정도로 얇은 가장자리, 생생한 돌진, 유리 뒤에서 환히 밝아지며 움직이는 자줏빛 모양들에 압도되었다. "이 자주색들 좀 봐요, 정말 멋지지 않아요?"라고 외치자 남편 될 사람이 충격을 받은 얼굴로 "지금 무슨 얘기를 하는 겁니까?"라고 물었다. 그에게는 이 색들이 보이지 않는다는 게 나로서는 받아들이기 힘들었다. 그러다가 나는 모두에게 물어보기 시작했고, 결국 색깔로 생각하는 사람이 나 혼자만임을 알게 되었는데, 그렇다면 다른 사람들은 도대체 어떻게 생각을 하는지 이해할 수 없었다. 나에게 오르가슴은 언제나 자주색이었고, 이 색이 움직이면서 모양, 속도, 양, 색조를 바꾸는 방식은 그때마다 달랐다.

누군가의 첫 번째 오르가슴은 일반적으로 충격적인 사건이며, 예상치 못한 일이라 드미트리 나보코프에게 그랬던 것처럼 아주 독특한 공감각을 만들어 낼 수 있다. 《수요일은 인디고블루》에서 그는 이렇게 썼다.

아주 어린 10대로서, 내 성적인 자각과 강렬한 첫 성 경험에는 내 마음을 채우고 다시 돌아오지 않은 거대하고, 강하고, 기하학적인 도형, 구, 정육면체, 탑이 함께했다.

지금까지 논의된 모든 현상과 마찬가지로, 공감각적 오르가슴의 열쇠는 감정이다. 오르가슴은 뇌 전체의 자율 회로와 체성 회로에서 발생한 대규모 전기화학적 방전을 수반한다. 남녀에 상관없이 인간의 성적 반응은 흥분기, 고조기, 절정기, 해소기의 네 단계를 거친다. 가장 큰 감정적 방전은 절정기에 변연계 핵과 시상하핵에서 발생하며, 이때 가장 공감각을 기대할 수 있다. 그러나 오르가슴은 해소기에도 기준선보다 고조된 감정 유출이 어느 정도 일어난다. 그리고 아마 이 기간에 공감각이 오래 지속된다고 예측할 수 있다. 그리고 실제로 그렇다.

오르가슴 내내 색깔과 모양이 카린의 시야를 흐리게 만들어, "아무것도 볼 수 없었다". 절정 후에도 "색깔이 잠시 남아 있었고 … 다시 시야가 깨끗해질 때까지 아마 한 4~5분은 걸렸던 것 같다."

션 데이는 이렇게 말했다.

오르가슴 후의 '잔광'이 음악이나 냄새와 관련된 공감각을 크게 향상시킨다는 사실은 오래전부터 알고 있었습니다. 하지만 성관계 직후에는 대개 아무것도 입에 대지 않기 때문에, 맛과 관련된 공감각도 향상되는지는 잘 모르겠군요. … 만약 잔광을 건드리지 않는다면, 공감각은 다시 정상 수준으로 돌아올 때까지 10분 정도는 향상된 상태를 지속할 겁니다.

어떤 사람에게 키스는 확실한 공감각 유발체다. 데니 사이먼의 개인적인 경험이 BBC 다큐멘터리 〈오렌지 셔벗 키스〉에 영감을 주었다.

고통과 즐거움의 감각은 색깔로 나타나는 시각과 공간적 지각을 불러옵니다. 사실 난 고등학교 때 심리 상담을 받으라는 조언을 들은 적이 있는데, 교감 선생님에게 내가 남자친구에게 키스할 때면 오렌지 셔벗 거품을 본다고 말했기 때문이죠.

여러 유형의 키스와 연관된 인지 상태는 차치하고서라도 순수한 촉감을 변연계 입력과 구분하는 것 역시 당연히 불가능하다. "널 깨물어주고 싶어"라는 말을 아기에게도 연인에게도 말할 수 있다는 사실로 증명되듯이, 구순애, 욕망, 감정은 서로 깊이 연관되어 있다. 우리는 이 문제에 관해 남녀 모두에게서 더 많은 직접적인 설명을 들을 필요가 있다. 성적 흥분이 공감각적 반응을 일으킨다는 예도 많지 않다. 마이클 왓슨은 종종 미각적 자극에 의해 성욕이 크게 증가되었다. 특히 식당에서 어떤 새롭고 복잡한 맛을 처음 느낄 때면 성욕이 치밀어올랐다. 워싱턴

DC에 있는, 지금은 없어진 메종 블랑쉬에서 저녁을 먹는 중에 그가 나에게 말한 것처럼.

나에게 먹는다는 건 하나의 자극이고, 새로운 음식을 처음 맛보는 건 새로운 방향을 보게 만드는 충동이죠. 나는 여기에 끌려요. 이 새로운 경험은 보통 관능적인 면에서 아주 에로틱하죠. 어떨 땐 성욕이 자극되어 음식을 먹다가 탁자를 밀어내고 주위에 있는 아무하고라도 관계하고 싶을 때도 있지만.

감정에 조종되는 아우라

아우라, 즉 사람이나 물체의 주위를 둘러싼 유색의 윤곽으로 나타나는 공감각은 간과하기 쉽다. 그것을 유발한 자극이 쉽게 드러나지 않기 때문이다. 색깔은 환시의 전형적인 다른 특징과 상관없이 단독으로도 나타난다. 브루스 브라이든은 "추가적인 색깔"이 어떤 물체의 윤곽을 그리거나, 때로 "부드러운 얼룩"으로 그 물체를 적시는 것을 볼 때면 무기력하거나, 상기되거나, 짜릿하거나, 두렵거나, 행복해지는 등 다양한 감정을 느낀다. 색은 단일색이거나 두 가지 색조가 혼합되어 나타난다. 샌프란시스코의 금문교는 실제로 주황색이지만, 브루스에게는 대체로 가장자리에 초록색 실안개가 낀 것처럼 보인다. 하지만 이 색은 언제든지 바뀔 수 있고, 때로는 아우라가 너무 강렬해서 실제 사물을 가리기도 한다.

브루스의 공감각은 감정에 영향을 받는다. 아우라는 감정상의 의미, 그리고 지각하는 이가 어떤 사물이나 사람에 대해 가지는 친밀도에 따라 결정된다. '보는 이의 내면'에 있는 정서적 유의성은 아우라를 동반하는 고조된 감정과 불길한 기분까지도 설명한다.

아주 강한 느낌이었어요. 그녀는 짙은 파란색-초록색 아우라에 둘러싸여 있었어요. … 고작 두 번 만난 게 다였지만 어쨌든 그녀에게서는 아우라가 보이더라고요. 하지만 어떤 게 먼저인지는 잘 모르겠습니다. 색깔을 먼저 보고 거기에 따라 감정적으로 반응하는 때도 있으니까요. 어떤 사람들한테는 반대일 수도 있어요. 감정을 먼저 느끼고 나서 색을 보는 거죠.

나는 앞에서 타인의 마음을 자신의 마음과 분리된 것으로 보게 하는 '마음 이론'의 일부인 거울뉴런에 대해 말했다. 우리는 다른 사람이 무엇을 하려는지 알아내기 위해 그 사람을 읽는다. 감정 읽기는 언제나 주고받는 사람 사이에서 양방향으로 일어난다. 그리고 대체로 명확하지 않을 뿐 아니라, 심지어 의식하지도 못한다. 이 기술의 습득은 계속 진행되는 학습 과정이지만, 우리는 말하는 법을 배우기 전에 타인을 읽는 법부터 배우기 시작한다. 어떤 이들은 거기에 꽤나 능숙하다. 24~30개월 사이에 아이들은 원색을 배우는데, 그래서 앤지의 다음 주장은 충분히 과학적이다.

네 살배기 제 아들은 사람을 색깔로 보는데, 두 살 때부터 그렇게 해왔습니다. 색깔 이름을 알게 된 이후로 아들은 색명을 특정인과 연결지을 수 있었어요. 대개 자기에게 가까운 사람들일수록 선명하고 뚜렷한 색을 가진 반면, 잘 알지 못하는 사람들은 '아직 색이 없습니다'. 이렇게 정해진 색은 변하지 않아요. 아이는 사람들에게 '그 사람의' 색으로 된 물건을 주는 걸 좋아합니다(강조 표시는 추가).

색의 강도가 어떻게 감정의 강도와 연관되는지에 주목하자. 낯선 사람은 대개 색깔 자체가 없다. 석고 흉상은 아무 색깔도 없는 반면 낯선 이의 아우라는 밝은 주황색에 검은 윤곽을 가졌다고 말한 어느 일곱 살짜리 아이에 대해 기술한 문헌이 있다. "그 사람들과 좀 더 가까워지면 연한 파란색이나 분홍빛이 돼요. … 그 사람들을 아주 잘 알게 되면 색깔이 더 바뀌지 않아요. 그게 그 사람들의 색깔이에요."

사람의 얼굴은 많은 양의 정보를 전달한다. 그리고 우리는 호의적이든 아니든 간에 자기도 모르는 사이에 재빨리 타인을 판단한다. 심지어 갓난아이도 마찬가지다. 아기들도 얼굴처럼 보이는 스케치를 보여주었을 때 그것에 대한 호불호를 나타낸다. 성인을 대상으로 한 연구에 따르면, 사람들은 잠깐 스치듯 보인 사람에게서 더 매력을 느끼는데, 왜냐하면 잠재적인 짝을 놓쳤을 때 지불해야 하는 고비용이 베이지안 위험 등급에서 긍정적 편견을 갖게 하기 때문이다. 그리고 일단 '평가를 마치고 나면', 그 사람에 대한 태도는 굳어지는 경향이 있다. 이는 왜 감정적 태도가 자리잡은 후에는 아우라의 색깔이 고정되는지를 설명한다. 캐머런 라 폴레트Cameron La Follette는 아이들의 색깔은 일반적으로 "성격이 어느 정도 자리잡는 시기, 대체로 12~13세가 될 때까지는 옅고 실체가 없다"라고 언급했다. 색깔은 성격이 발달하면서 더 짙어지고 단단해진다.

그 뒤로는 언제나 늘 그 색깔입니다. 제 기분이나 그 밖의 것들과는 상관이 없어요. 색깔은 성격과 관련이 있는데, 분홍색 사람들은 언제나 여전히 어린 시절의 정서적 문제를 안고 있고, 노란색 사람들은 외향적이고 함께 있으면 재밌죠. '명랑한 (bubbly, '거품이 이는'이라는 뜻도 있음–옮긴이)' 사람들은 공감각 색깔에도 거품이 많아요. 저에게는 질감과 색깔이 거의 똑같이 중요합니다.

동물도 아우라를 가질 수 있지만, "그 색을 알려면 동물의 성격을 알아야 해요". 폴레트에게 동물은 단색으로 보이는 반면, 인간의 색은 줄무늬나 얼룩, 또는 질감이 있는 편인데 이는 동물의 감정이 인간보다 덜 섬세하다는 점을 생각하면 수긍이 간다.

어린 시절에는 실체가 없던 색깔이 나이가 들며 점차 인격을 갖춰감에 따라 짙어지는 것처럼, 사람이 삶의 끝자락에서 허물어질 때면 반대 현상이 일어난다. 색이 바래지는 것은 질병이나 죽음의 조짐이 될 수 있다. 캐머런은 감정이 억제되고 미성숙한 행동을 하는 알츠하이머 환자들을 보고 '바래고 묽은 색'이라고 말한다. 한편 엘리자베스는 한동안 보지 못한 사이에 '색이 사라진' 지인이 얼마 후 세상을 떠났다고 회상했다.

제이미 워드는 정서적 함축이 실제로 아우라의 색을 결정하는지 확인하기 위해 단계적인 실험을 수행했다. 다른 단어와 비교했을 때, 영어식 이름은 훌륭한 색 유도체다. 워드의 피험자의 경우, 그녀가 개인적으로 아는 사람들의 이름은 그녀가 몰랐던 사람들의 이름보다 아우라를 일으킬 가능성이 훨씬 컸다. 아는 사람들의 이름은 분명 정서적 무게감이 있는 반면, 모르는 사람들은 그렇지 않았다. 이와 비슷하게 음식, 동물, 심지어 색명도 유색 아우라를 끌어내는 데 실패했지만, '사랑'이나 '분노'처럼 감정이 실린 단어는 아우라를 일으켰다. 이 실험에서는 가장 가능성 있는 설명인 정서적 함축만 남기고 단어의 빈도나 심상을 떠오르게 하는 능력 같은 변수는 통제되었다. 워드의 피험자와 그 외의 사람들이 오직 사람의 얼굴을 보았을 때만 색깔을 체험한다는 사실은 주목할 만하다. 얼굴은 잘 알려진 감정 유도체로 이 사실은 타인의 얼굴을 보았을 때 피부 전기 저항이 높아지는 것으로 확인할 수 있다.

감정에 의해 영향을 받는 공감각은 현재 드문 것으로 보인다. 색깔과 감정이 브렌트 베를린과 폴 케이의 색이름 순서를 연상시키는 일반적인 방식으로 짝을 짓는다고 말할 수 있는 사례가 너무 부족하다(3장 참조). 인류학자들은 서구 문화, 그리고 서구와의 접촉을 최소로 한 문화 가운데 일관되게 나타나는 색깔-감정 연관성을 찾아냈다. 예를 들어, 이들은 어둡고 채도가 낮은 색을 부정적 감정에, 밝고 채도가 높은 색을 긍정적 감정에 할당했다. 감각적 차원 전반에서 동등성에 관해 앞에서 언급한 것과 함께 교차감각적 연관성에 토대가 되는 것은 색상 자체가 아니라 밝기와 채도처럼 색 공간의 다른 측면이다. 인류학 현장 연구를 통해 사람과 관련해 습득한 지식이 내재적이고 보편적인 메커니즘을 활용한다는 사실이 확인되었다.

특별한 능력이 있는 이들이 유색 아우라를 본다는 주장은 민속 심리학에서 오랫동안 자리를 지켜왔다. 비록 자신이 그러한 능력을 가졌다고 주장하는 사람들 대부분이 망상을 가졌거나 사기꾼이었지만, 어떤 이들은 진단되지 않은 공감각자였을지도 모른다. 사람들이 오직 초자연적으로만 감지할 수 있는 신비한 에너지를 뿜는다고 가정하기보다, 공감각자들이 타인에 대한 감정 반응을 일상적으로 이끌어낸다는 것을 인정하고, 감정 및 색깔 지각과 연결된 뇌 구조 사이의 공감각적 교차 활성화가 감정을 유도하는 자극으로 하여금 색깔이 있는 아우라의 새로운 측면을 지니게 한다고 생각하는 게 보다 현실적인 설명이 될 것이다.

'수형數型, number form', '기억 지도', '시각화된 숫자', '달력-형체'는 특정한 순서의 나열을 공간 속에서 지각하는 공감각 유형을 부르는 말이다. 4장에서 우리는 순서배열-공간 공감각spatial sequence synesthesia, SSS을 과잉학습된 어떤 순서배열도 가질 수 있는 공간 구성의 모음을 뜻하는 중요한 용어라고 언급했다. 그러나 순서배열-공간 공감각이라는 말은 길고 복잡하므로 '수형'이라고 짧게 불러도 문제는 없다. 수형 공감각에서 명심해야할 세 가지 핵심은 1) 기계적 암기나 반복 노출(알파벳 노래나 1부터 10까지 세는 것처럼)을 통해 과잉학습된 2) 수 또는 순서배열과 연관된 개념들이 3) 사람의 주변 공간peripersonal space에서 신체를 둘러싼 유클리드식 3차원 공간 좌표에 자리잡는다는 점이다 (정말 길고 복잡하지 않은가?)

수형 공감각은 한 세기가 넘게 주목되어 왔지만, 최근에서야 얼마나 흔한지 알게 되었다. 일반적으로 전체 인구의 4퍼센트가 공감각자라는 것과 비교해, 약 10퍼센트가 수형 공감각을 갖고 있다. 그리고 그림 4.1에서 공감각의 다섯 가지 범주 중에서 순서배열-공간 공감각은 다른 범주와 겹치지 않았다. 다양한 방식으로 순서배열-공간 공감각을 연구한 결과, 수를 표현하는 신경 네트워크가 공간 인식을 표현하는 네트워크와 중복된다는 사실이 더욱 명확해졌다. 이 영역에서 일어난 손상이 전형적으로 공간과 순서배열 인식에 문제를 야기한다는 사실이 이 발견과 맥을 같이 한다.

그렇다면, 공간 속에서 수는 어떤 식으로 보일까? 가장 단순한 형태는 직선이다. 그러나 많은 정수整數와 정렬된 개념들이 온갖 모양으로 뒤틀리고 갈지자형으로 구부러진 경로 위에 놓인다. 그것은 흔히 공감각자의 몸 주위를 고리 모양으로 둘러싸면서 다양한 각도, 굴곡, 곡선을 그린다. 이처럼 시각화되는 순서배열에는 흔히 알파벳, 정수, 요일, 월, 연도, 세기世紀 등이 있다. 행성, 색 스펙트럼, 별자리, 연대표, 라디오 방송국, 티브이 채널, 야구 점수, 개 품종명 등 순서에 따라 나열할 수 있는 요소라면 무엇이든 공감각적으로 결합할 수 있다. 어떤 사람들은 오직 한 가지 수형 공감각을 가진 반면, 열 개가 넘는 사람도 있다. 그림 9.1의 왼쪽은 콜린 실바가 공간 속에서 경험한 18가지 개념의 목록을 나타낸 것이다. 일단 개략적으로 살펴본 다음 일반적인 수형 공감각의 구조적 복잡성에 대해 자세히 알아보자.

그림 9.1의 오른쪽은 콜린에게 보이는 구체적인 공간 구성의 작은 일부다. "10보다 큰 신발 사이즈를 생각할 때면 끝이 구부러집니다. 또 누군가 몸에 열이 난다는 말을 하면, 제 머릿속은 화씨 100도 구역까지 갑니다." 달력-형체, 또는 공간 속에서 지수index를 보는 공감각자들도 마찬가지로 특정 자료를 확인하기 위해 어떤 구역으로 '가거나', '본다'라고 말한다. '감각형 공감각자'와 '심상형 공감각자'의 구분이 의미론에 더 가까운 것처럼, 사람들이 시각화에 능숙한지 서툰지가 그들이 형체를 보는 장소에 영향을 미친다. 데보라 루디는 자기 밖의 공간적 배열보다는 자신이 닿고 싶은 공간 위치를 감지한다.

내가 진짜로 뭘 보고 있기는 한 건지 모르겠지만, 어쨌든 난 숫자 1, 아니면 그게 무엇이든 간에 그것이 있는 장소로 가요. … 뭔가 기억해내고 싶을 때마다 기억을 저장한 곳으로 가서 들여다보는 자신을 발견하죠. 세계의 수도와 국기는 내 얼굴 앞에서 오른쪽으로 8센티미터 지점에 매달려 있어요. 음악은 왼쪽으로 팔길이만큼 떨어져 약간 아래쪽에, 스페인어 단어들은 오른쪽으로 팔이 약간 닿지 않는 지점에 있고, 독일어는 그 위에, 러시아어는 그 옆에 있습니다.

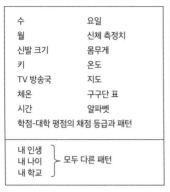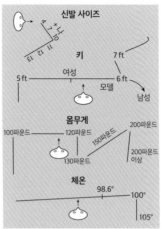

그림 9.1　콜린 실바의 사례. 공간 속에서 보이는 배열.

수형은 파노라마적이다. 다시 말해 관찰자가 확대하여 자세히 보거나, 뒤로 물러서 전체를 볼 수 있다는 뜻이다. 관찰자는 공감각 공간 안에서 관찰하기 좋은 지점을 찾아 '돌아다닐' 수 있다. 관찰 지점을 바꾸면 종종 마르티 파이크가 "관찰 중인 구역 주위로 어떤 식으로든 스포트라이트가 비친다"라고 말한 것처럼 지각된 환상도 바뀐다. 공감각자가 이렇게 할 수 있다는 사실은, 공간 좌표가 자체적인 기준틀에 고정되지 않고, 각각의 수형이 실제 세상의 사물처럼 자기만의 좌표계를 갖고 있음을 뜻한다. 그 정신적 이미지가 구체화되는 과정은 바로 어떤 추상적인 관념이 좀 더 구체적이고 실제적으로 바뀌는 과정을 의미한다. 어느 문헌에서 L이라고 부른 한 공감각자는 150밀리세컨드도 안 되는 짧은 시간 동안 공감각을 체험했는데, 그는 형체가 활성화된 짧은 순간에 훌륭한 관찰 지점 여러 개를 재빨리 파악했다. 이것은 신경 네트워크가 역동적이고, 자기 조직적이며, 일시적이라는 일반적인 특징과 함께 수형 공감각의 자동능automaticity을 재확인한다.

만약 여러분이 개인적으로 순서배열-공간 공감각을 느껴본 적이 없다면, 차가 바로 앞에 주차되어 있다고 한 번 상상해보라. 비록 차가 환시처럼 눈앞에 물리적으로 보이지 않아도, 머릿속에서 어렵지 않게 앞바퀴, 운전석 쪽 거울, 뒤 범퍼 등을 가리킬 수 있을 것이다. 그 차는 여러분의 정신 공간에 3차원 좌표를 가지고 있다. 이는 자동으로 일어나는 수형 공감각에서도 마찬가지이며, 심지어 시각장애 공감각자도 이 공감각을 가질 수 있다. 그러나 이러한 훈련조차 그들의 정신 속 풍경을 전달하는 데에는 실패했다. 1880년 〈네이처〉에 '수의 시각화'에 관해 발표한 논문에서 프랜시스 골턴은 이렇게 말했다.

그러나 그 그림은 관찰자에게 외관상 크기에 대한 실마리를 주는 데 실패했다. 그것은 대개 마음속 눈이 한 번 보았을 때 볼 수 있는 것보다 더 넓은 범위를 차지하고, 또 여기저기 헤매게 한다. 거의 파노라마 같을 때도 있다.

이 형체 안에서 기억을 최대한 연장하여 과거로 돌아갔을 때의 그 오래된 수에 관해 말하자면, 모든 경우에 이 형체는 늘 존재했었다고 한다. 의지와 '무관하게 보여지고', 모양과 위치는 … 거의 불변이다.

다른 종류의 공감각과 마찬가지로, 수형 공감각도 역동적이다. 한 여성은 대학에 갈 나이가 되어서야 대부분 사람들이 정수를 3차원 공간에서 인지하지 못한다는 걸 깨달았다. 이 여성은 수학 강의 중에 교수에게 "숫자들이 제자리에서 자꾸 위로 올라가는" 바람에 방정식을 푸는 게 어렵다고 불평했다. 이 말에서 뭔가 중요한 걸 감지한 교수는 긴 철사를 건네며 숫자들이 어디에 있는지 가리켜보라고 한 다음 의자에 앉아 지켜보았다. 그녀는 놀라지 않고 한 치의 주저함도 없이 "철사가 고문받은 것처럼 보일 때까지 여기저기 3차원으로 구부렸다. 그리고 여러 번 반복해서 각도를 정확히 교정했다."

그녀는 철사를 내려놓으며 대단히 진지하게 물었다. "이게 뭐가 이상한가요? 다들 수를 저렇게 보는 거 아니었어요?"

그녀는 곧 남들은 그렇지 않다는 것을 알았다. 노벨 물리학 수상자 리처드 파인먼은 눈앞에서 쉭쉭 지나다니는 색깔 있는 수식들을 보는 게 다반사였다. 그는 책에 이렇게 썼다.

설명을 하다 보면 베셀 함수의 희미한 그림이 보인다. … 옅은 황갈색의 j, 보랏빛이 살짝 도는 n, 짙은 갈색의 x가 날아다닌다. 도대체 학생들 눈에는 어떻게 보일지 정말 궁금하다.

자소 공감각자 마르티 파이크는 "알파벳이나 수 전체를 보는 게 부자연스러운 일이라고는 전혀 생각하지 못했다"라고 말했다. 하지만 실제로 모든 사람의 뇌는 수와 공간을 연관짓는다. 이 사실은 1993년에 스타니슬라스 데하네Stanislas Dehaene와 동료들이 공간-수 연합 반응 코드spatial numerical association of response codes, SNARC를 통해 발견했다. 이 실험은 피험자에게 컴퓨터 화면에 깜빡거리는 한 자리 수가 홀수인지 짝수인지 표시하게 하는데, 어떤 때는 오른손으로, 어떤 때는 왼손으로 반응하게 했다. 그랬더니 0부터 4까지의 작은 수에 대해서는 왼손으로 할 때 더 빨리 반응하고, 숫자가 커지면(5부터 9까지) 오른손으로 할 때 더 빨리 반응하는 것으로 나타났다.

이 결과는 이후에도 여러 차례 반복되었고, 수는 자동으로 공간 위치와 연관되어 인지적 '수직선數直線'을 형성한다는 게 증명되었다. 게다가 피험자가 두 손을 엇갈린 채로 시험하면, 반응 역시 반대가 되어 왼쪽 공간에 있는 오른손으로 작은 수를 가리킬 때 속도가 더 빨랐다. 이 결과는 손이 아닌 공간의 위치가 중요하다는 사실을 드러낸다. 비슷한 현상이 안구운동에서도 일어난다. 피험자는 작은 수에 대한 반응으로 왼쪽으로 시선이 더 빨리 가지만, 수가 커지면 오른쪽으로 갈 때 더 빨라진다. SNARC 효과의 방향은 문화적 경험에 민감하다. 글씨를 오른쪽에서 왼쪽으로 쓰는 이란인에게서는 이 효과가 반대 방향으로 나타난다. 반면에 글을 오른쪽에서 왼쪽으로, 위에서 아래로 쓰는 일본인들은 왼쪽-작은 수, 아래쪽-작은 수의 반응을 둘 다 보인다. 공감각자와 비공감각자에게서 동시에 나타나는 한 특징은 이 정신적 수직선의 간격이 큰 수로 갈수록 압축된다는 점이다. 뇌는 10,713/10,714/10,715라는 수보다 13/14/15에 더 상세한 해상도를 부여한다. 이 발견으로 뇌에서 수를 표현하는 방식에 대한 평가를 보완하게 되었다. 언어적으로든 시각적으로든, 또는 양적으로든 추상적이든 모두 다른 신경 구조와 연관되어 있다.

공간에서 수의 위치를 결정하는 복잡성은 달력과 시계에서 두드러진다. 마르티 파이크의 달력은 두 가지 공통된 특징을 보여준다. 우선 각 달에 할당되는 공간이 일정하지 않다. 그리고 원형 또는 고리 모양의 달력에서 가장 꼭대기에 있는 달은 1월을 제외한 어떤 달도 될 수 있다(그림 9.2). 또한 각 달에는 고유한 색이 있다. 마르티의 11월은 옅은 갈색이다. 그녀가 11월을 생각하며 보는 장면은 "1에서 30(31)으로 가면서 색이 저절로 바래진다". 여기서 마르티가 의미하는 것은 11월에 해당하는 큰 구

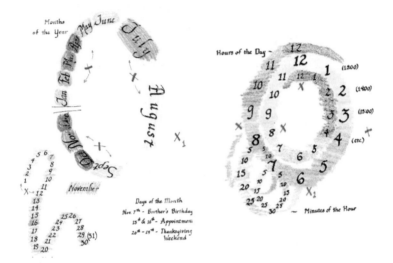

그림 9.2 마르티 파이크의 달력과 달의 형체. 6월이 제일 위에 있고, 7월~9월이 다른 달보다 더 많은 공간을 차지한다. 갈색의 11월 속에는 해당 월의 날짜가 표시된 뱀 모양의 형체가 들어가 있다. 7, 13, 16, 25~26처럼 "강조된" 날들은 약속, 생일, 특별한 날을 표시하는데 이런 방식은 그녀의 기억을 돕는다. 서로 겹치는 3차원 나선형은 특정한 날의 시간과 분을 표시한다(오른쪽). X는 관찰하기 좋은 지점을 나타낸다. 자세한 사항은 본문 참조.

역 안에 날짜로 이루어진 뱀처럼 생긴 형체가 들어가 있는 모습이다. 그 색은 11월로부터 물려받은 갈색이다. 하나의 형체 안에 다른 형체가 들어앉은 모양새는 많은 수형의 전형적인 특징이다. 마르티가 특정 날짜에 대해 생각하거나 그날의 계획을 세울 때면 나선형 모양의 24시간 시계가 자동으로 시야에 들어온다.

저는 그 수(그림 9.2의 오른쪽)들을 6의 왼쪽 아래에 서 있는 상태로 바라봅니다. 날짜는 1부터 시작해 12까지 위쪽으로 나선형을 그립니다. 다시 말해 자정부터 정오까지, 그리고 그 위로 다시 자정까지. 12시에서 6시 또는 7시까지는 회색-검은색, 6시부터는 정오에 눈이 부실 정도로 밝아질 때까지 계속 옅어지다가(노란색-흰색), 5시~7시 사이에 어두워집니다. 8시~10시까지는 연한 파란색, 그리고 10시부터는 짙은 파란색입니다.

각 시의 분에 해당하는 형체는 마르티의 나선형 시계 안에 들어가 있다.

한 시간을 볼 때는 보통 시계처럼 그 시간이 확대된 모양으로 봐요. 다만 숫자 '2'가 '12'의 자리에 있고… 또는 분에 대해서도 '20'이 '4'의 자리에 있어요. … 그러니까 시간도 공간에서 보는 거죠. 디지털 시계를 보면 돌아버릴 것 같아요!

수형은 때로 배경과 대조되어 나타난다. 마르티의 형체들은 모두 검은 어둠에서 드러난다. 낸시 T의 공감각 형체는 '영화 〈스타워즈〉의 한 장면처럼' 별이 빛나는 우주를 배경으로 등장한다. 많은 공감각자들이 우리가 그들의 체험을 더 잘 이해할 수 있도록 자신들이 보는 다양한 형체를 공들여 그려주었다. 최근까지도 이런 형체들의 유사성, 차이점, 패턴 및 수형이 실제 3차원 좌표에서 시간에 따라 바뀌는 방식을 연구할 체계적인 방식이 없었다. 이를 보완하고자 이글먼 실험실은 가상현실 소프트웨어를 개발했는데, 이 프로그램은 공감각자들이 자기의 시간 단위를 그들이 공간 속에서 지각하는 정확한 자리에 물리적으로 지정할 수 있게 했다. 이글먼은 571명의 공감각자들을 대상으로 이 소프트웨어를 시험하여, 타원형의 달력-형체가 많지 않다는 사실을 알아냈다. SNARC 효과와 일관되게, 달(월)-형체의 27퍼센트는 선형이었다. 일반적으로 이 형태의 대다수는 왼쪽에서 오른쪽으로 움직이는 방향으로 치우쳤는데 이것은 서구 문화에서 SNARC 효과의 방향성과도 일치한다.

이런 식으로 시험한 초기 피험자 중에는 같은 가정에서 자랐지만 공감각 형체가 완전히 다른 자매가 있었다. 이는 아이들이 수형을 부모에게서 배우거나 집에 있던 어떤 이상한 달력에 노출된 덕분에 배운다는 가설에 모순된다. 그렇다고 일상생활에서 마주치는 반복적인 패턴에 영향을 받지 않는다는 뜻은 아니다. 문화적 각인의 증거는 종종 시계와 같은 1에서 12까지 숫자의 위치에서 종종 나타난다. 마르티의 '시계'가 거꾸로 되어 있고 올바르지 않은 방향으로 간다는 사실을—그녀가 진짜 시계 보는 법을 배울 때 잊어야만 했던—주목하라. 아마 마르티는 어린 시절, 수는 배웠지만 시계의 숫자 배열이 무엇을 의미하는지 이해하기 전에 보았던 시계에 각인되었을 것이다. 그렇다면 48개월 이전의 어린 나이에 수형이 발달한다는 시간 범위를 제시할 수 있다(디지털 시계가 보편적인 시계 형태로 자리잡은 신세대 공감각자들에게서 동그라미 형태가 사라질는지 흥미롭게 지켜보자).

또 다른 흔한 모티프에는 과거, 현재, 미래가 있다. 수형 공감각을 가진 많은 사람들에게서 우리 누구도 볼 수 없는 미래가 공간 속에 표현된다는 사실은 놀랍다. 공감각적 미래는 사람의 뒤나 앞에 너무 멀리 떨어져 있어서 명확히 구별할 수 없다. 먼 과거에 대해서도 마찬가지다. 너무 작아서 형체를 알아보기도 힘들다. 현재 시점은 대개 지금 서 있는 자리에서 잘 보인다. 예를 들어 마르티의 공감각 형상에 따르면, 그녀가 태어난 1954년 이전의 시기는 '어두워' 보인다. "열 살인가 열한 살쯤 되었을 때 엄마에게 내가 혹시 '암흑기'에 자랐는지 물어봤다. 엄마는 당연히 내가 뭘 생각하는지 전혀 모르고 웃으셨다. 그러나 당시에는 1954년 이전의 어떤 것도 내 마음속에서는 어두운 색이었다." 마르티가 자라면서 1950년대 이전의 시간들도 점차 색과 모양을 모두 갖추게 되었다.

지난 10년간 우리는 공감각적 결합, 특히 공감각적 색깔이 시간에 따라 어느 정도 변해간다는 사실을 알게 되었다. 수형 또한 나이가 들면서 변하거나 '성장한다'. 이 장의 시작에서 언급한 콜린은 자신의 나이와 관련된 수형이 마치 '덩굴처럼' 말단

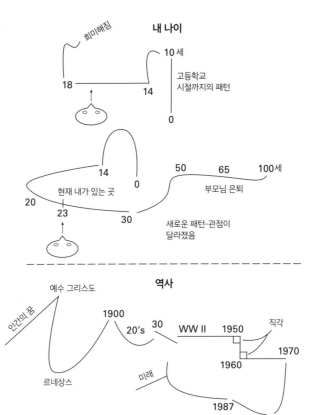

그림 9.3 콜린 실바의 사례. 나이와 역사에 관한 시각. 나이가 들면서 주관적 패턴이 달라졌음.

에서 자란다고 말했다. 그림 9.3은 어떻게 콜린이 나이와 역사를 지각하고, 또 콜린이 10대에서 성인으로 성장하면서 그 형체들이 어떻게 탈바꿈했는지 보여준다. 그 패턴은 스스로 확장할 뿐 아니라 모양을 변형하기도 한다.

순서배열-공간 공감각에서 순서와 유클리드 공간 사이에 지각된 관계는 명확히 드러난다. 나머지 사람들에게서는 그것이 내재되어 있다는 사실을 SNARC 효과가 보여주었다. 연구자들은 뇌의 양쪽 두정엽이 수와 공간 인식에 관여한다는 점을 고려할 때, 이 구역이 수형 공감각의 토대가 될 것으로 추정한다. 그러나 사건 관련 기능적 MRI 결과로 드러난 것처럼 수형의 순서배열은 중간관자이랑middle temporal gyrus과 우뇌의 측두 두정 연접부 temporal parietal junction를 활성시킨다. 우뇌는 일반적으로 공간 요소를 다루는 데 좀 더 관여하고, 좌뇌는 안과 밖, 위와 아래, 중심과 주변, 위와 아래처럼 방향성 범주와 관련 있다.

순서배열-공간 공감각이나 의미 치매semantic dementia(수와 관련된 지식은 보존되지만 동물 이름, 채소, 기구, 식기 도구 등 비 서수적 범주의 지식은 손상되는 퇴행성 질환)를 통해 알 수 있듯 서수와 관련된 범주는 독특하다. 의미 치매는 언어가 우세한 좌뇌 측두엽이 심각하게 위축되면서 나타난다. 환자는 범주형 단어를 떠올리는 능력은 잃어버리지만 여전히 요일이나 1에서 20까지 세는 등의 순서배열은 줄줄 말할 수 있다.

우리는 순서배열-공간 공감각자들에게서 뇌의 색깔 구역과 우뇌 중간관자이랑 사이의 기능적 또는 구조적 연결성이 증가했다고 생각한다. 기능적 MRI와 확산텐서영상은 과잉학습된 순서배열과 관련 있는 구역과 색깔 구역 사이의 물리적 연결이 늘어났음을 보여주었다. 음악에서 색을 보는 공감각자들의 확산텐서영상은 백질부 연결의 증가가 향상된 교차감각 연관성의 지각과 연관되어 있다는 가설을 더욱 뒷받침한다.

후천성 공감각: 같다고 하기엔 너무 다른

향정신성 약물, 감각 차단sensory deprivation(감각 박탈), 몰입 명상, 측두엽 간질, 비개방성 두부 손상 및 기타 뇌 손상은 여러 종류의 후천성 공감각을 유발할 수 있다. 표 10.1과 10.2에 발달성, 후천성, 약물 유도 공감각의 세 범주에서 전형적으로 나타나는 감각 결합과 주관적 경험을 요약해놓았다. 하나씩 살펴보자.

약물 유도 공감각

만약 공감각이 생물학적 현상이라면, 신경전달물질이 중요한 역할을 할 것이다. 또한 여러 종류의 전달물질을 조작해 공감각을 유도하거나 자연적으로 발생한 공감각을 조절할 수 있다. 이 사실이 왜 중요할까? 화학적으로 공감각을 유도하는 것은 자동능automaticity, 결합binding, 기억에 대한 우리의 이해를 넓히는

데 도움이 되기 때문이다. 그리고 공감각이 단일 실체가 아닌 다양한 표현형이 모인 스펙트럼이라면, 공감각을 유도함으로써 결합된 감각양식들을 동일한 주관적 최종 결과물로 이끄는 하나 이상의 메커니즘을 명확히 밝힐 수 있을 것이다.

비선택적 세로토닌 작용제인 LSD, 메스칼린, 실로시빈 psilocybin(일부 버섯에 들어 있는 환각 물질 - 옮긴이), 아야와스카 ayahuasca(아마존 식물을 달여서 만든 환각성 약물 - 옮긴이)는 때때로 자발적 공감각, 특히 소리가 시각을 유도하는 결합을 유발하며, 대체로 목소리와 음악에 반응한다. 순서배열과 자소는 약물 유도 공감각 유형에서는 절대로 나타나지 않는데, 이것은 발달성 공감각에서 고유감각, 전정감각, 내수용interoceptive 감각(배고픔과 메스꺼움 등)이 교차되지 않는 것과 같다. 플루옥세틴fluoxetine (항우울제 프로작)과 부프로피온bupropion(항우울제 및 니코틴 금단 증상 완화제 웰부트린)은 둘 다 선택적 세로토닌 흡수 억제제로, 이 약물을 복용했을 때 공감각이 강화된다는 보고서는 약물 유도 공감각에서 세로토닌의 역할을 더욱 뒷받침한다. 일곱 가지 종류의 세로토닌 수용체는 대부분 흥분성이지만, 지각을 다루는 뇌의 부분에서는 억제성으로 작용한다. LSD는 내부 및 외부 입력을 모두 약화시켜 감각 대상이 통상적이지 않은 입력에 쉽게 활성화되도록, 즉 공감각을 일으키게 만든다. 세로토닌 수용체는 해마, 시상 핵, 기저핵, 대뇌피질에 최대로 집중되어 있다.

환각제는 일반적으로 세로토닌의 과잉 발현 및 억제 조절과 관련된 시냅스 후부의 세로토닌 수용체를 차지해 세로토닌 전달을 방해한다. 환각제는 일차적으로 대뇌피질의 청반locus coeruleus과 피라미드 세포에 영향을 미친다. 세로토닌성 세포는 1대 50만이라는 엄청난 확산비로 뇌의 모든 구역에 발사된다. 청반은 부차적으로 노르에피네프린(노르아드레날린)의 방출을 조절함으로써 전반적인 교감신경 작용을 통제한다. LSD는 세로토닌의 활성을 증가시키지만, 노르에피네프린에 대해서는 덜 그렇다. LSD를 복용한 동물과 인간에게 심부전극depth electrode을 이식했더니, 해마와 편도체에서 동기화된 발작파paroxysmal discharges와 함께 대뇌피질의 비동기화가 기록되었다. 이것은 LSD를 복용한 사람이 각성 상태에서도 분별력이 떨어진다는 것을 암시한다. 피질하 영역의 뇌파 방전은 고조된 감정과 변형된 지각을 가진 사람의 행동에서 동시에 관찰된다.

그러나 약물로 유도된 왜곡이 정상적인 공감각과 같다고 볼 수 있는가? 대답은 '아니오'인 것 같다. 테오필 고티에Thophile Gautier가 1843년에 처음으로 약물에 의해 유도된 공감각을 보고한 이후 175년이 지났으나, 오늘날 마르쿠스 체틀러Markus Zedler와 크리스토퍼 싱크Christopher Sinke가 이끄는 독일 하노버의 연구자들은 발달성, 후천성, 약물 유도성 개념 결합의 형태를 비교했을 때, 유사점보다는 차이점을 더 많이 발견했다. 이것은 이 세 범주의 공감각이 사실상 동일하다고 설명한 훨씬 이전의 문헌과 상반된다. 과거 문헌은 연구 방법의 실질적 한계와 더불어 위약僞藥 대조군이 부족하다는 문제가 있었다. 위약 대조군은 얼마나 많은 환각성 약물이 피암시성suggestibility을 증가시키는지 감안했을 때 특히 중요하다. 또한 그 문헌에는 자동능의 종료 시점에 대한 규정, 공감각 유발체의 특이성, 자극과 반응 사이의 일관성에 대한 요건이 부족했다.

이와 같은 전반적인 혼란에 더하여, 제들러와 싱크의 연구에서 약물 이력이 있는 지원자들은 단지 '어떨 때만' 공감각 경험을 한다고 보고했다. LSD를 복용한 지원자들은 거의 모든 색깔 지각 측정치(밝기, 채도, 휘도, 명암대비, 색상)에서 영향을 받았다. 약효가 빨리 나타난다는 점을 고려하면, LSD는 기존의 생리적인 경로를 따라 작동한다고 가정해야 한다. 동물을 대상으로 한 고전적인 연구에 따르면, LSD의 주된 효과는 대뇌피질 내에서 훨씬 아래쪽 경로를 억제하면서 일차 감각 입력이 초기에 뇌간으로 전달되는 과정을 촉진하는 것이다.

실험 결과, LSD는 자소와 소리에 대한 자소-색깔, 또는 소리-색깔 결합 반응을 많이 일으키지 않았다. 대신 환각 상태의 특징으로 보이는 것은, 정상적인 공감각에서처럼 자극에 의해 활성이 유도된다기보다, 진행 중인 전달 과정에 환각제가 영향을 준다는 점이다. 따라서 일시적인 지각 변화는 약에 취해 있

표 10.1 공감각을 유발하는 자극과 유발되는 감각의 결합

유발인자

	시각	소리	촉각	맛	냄새	열	신체도식	동통
시각	G	G	GD			D		
소리	GAD		GAD	G	G		D	GDD
촉각	GDA		D			D	D	
맛	GD		G	G	G	G		
냄새	GD		GD	G		G	D	
열	GD		D			G	D	
동통	GD		D	G	G	G	D	D

주: A=후천성 공감각, D=약물 유도 공감각, G=진짜 공감각

참고문헌: Christopher Sinke, Janina Neufeld, Hinderk M. Emrich, Wolfgang Dillo, Stefan Bleich, Markus Zedler, and Gregor R. Szycik, "Inside a Synesthete's Head: A Functional Connectivity Analysis with Grapheme-Color Synesthetes," *Neuropsychologia* 50, no. 14(2012): 3363–3369

표 10.2 여러 가지 공감각 범주의 현상학적 특징 비교

	진짜 공감각	후천성 공감각	약물 유도 공감각
자동능	있음	없음	없음
조절 가능성	없음	없음	약물 투여량으로 조절 가능
일관성	일관됨	일관되지 않음	일관되지 않음
개인 간 변이	높음	낮음	높음
개인 내 변이	낮음	낮음	높음
외부 자극의 변화	없음	없음	있음, 환각
자극의 위치	감각형/심상형	없음	눈앞
유발체	외적인 자극, 언어, 순서 배열	불특정	불특정
유용성	빈번함	없음	오직 쾌락을 위함
최적 환경	없음	어두운 방, 자극이 감소된 상태	어두운 방, 자극이 감소된 상태
의식 상태	정상	졸리는, 낮은 각성 상태	최면상태, 각성 상태
복잡성	단순한 형태, 보통 유색의	광시증, 환시	유색의 형체에서 복잡한 장면까지
유발체의 유형	감각, 관념	감각	감각
의미	해석에 따라 다름	해석과 무관함	해석과 무관함
공감각이 내적 경험 흐름의 지속적인 일부냐	아니오	아니오	예

는 동안 경험하는 유사 공감각과 더 관련이 있을 것이다. LSD 지원자들을 표준화된 자소와 소리에 노출시킨 한 연구에서, 누가 공감각을 체험할지 가장 잘 예측할 수 있는 척도는 새로운 경험에 대한 개방성과 몰입성이었다. 몰입 상태는 환상을 갖기 쉬운 성향과 구별하기 어렵다. 또 하나 당황스러운 변수는 이 몰입성이 꿈의 상기, 정서적 반응성, 최면 민감성, 이미지 사고, 식별 능력이 높은 것과 연관이 있다는 점이다. 몰입성은 임상학적으로 영적 존재에 관한 느낌(8장 참조), 명상 상태, 측두엽 뇌전증 환자에게서 발작과 발작 사이에 관찰된 성격 양상과 관련이 있다.

몇몇 화학 약물로 정상적인 발달성 공감각을 조절할 수 있다. 1966년에 클뤼버는 메스칼린을 사용해 어떤 피험자들은 신체 바깥 공간에 투사된 공감각을 경험했고, 어떤 사람들은 내적으로 공감각을 경험했다고―심상형 공감각자와 감각형 공감각자를 구별하는 차이점과 비슷한 현상의 구분―언급했다. 좀 더 최근에는 이글먼과 내가 분석한 1,279명의 자소-색깔 공감각자들이 알코올과 카페인은 공감각을 강화하거나(양쪽 모두 9퍼센트), 감소시키는(카페인은 3퍼센트, 알코올을 6퍼센트) 경향이 있다고 말했다. LSD를 복용한 여섯 명의 공감각자 중에서 두 명(33퍼센트)은 공감각이 강해졌다고 말했다.

선천성 공감각과 비교했을 때, 약물로 유도된 공감각에는 일관성이 없다. 공감각이 저절로 즉시 나타나지 않고 시간이 오래 걸린다. 순서배열은 전혀 공감각을 일으키지 않고, 감정적 판단이 공감각 체험을 지배하며, 환시의 경우 보통 눈을 뜨거나 주의를 돌리면 사라진다. 공감각적으로 지각되는 색 역시 원색인 빨간색, 노란색, 파란색으로, 발달성 공감각자들에게 보이는 특별하고 무한하며 심지어 불가능한 것 같은 색조와 비교된다. 약에 취한 상태에서 나타나는 가장 특이한 증상은 이상형태증dysmorphia으로 이상한 나라의 앨리스가 된 것처럼 자신의 머리나 다리가 너무 작거나, 너무 크거나, 그렇지 않으면 뒤틀렸다고 느낀다. 시간 감각도 바뀌고, 대양적oceanic 일체감이 자리 잡는다. LSD를 저용량 복용했을 때 나타나는 환시는 단순하고 기하학적이며 형태 상수를 닮았다. 이미지 안에 동일한 이미지가 들어 있는 변상증은 두루마리나 페르시아 양탄자 디자인과 비슷하다(그림 10.1의 왼쪽). 일반적으로 변상증은 구름 속에서 사람의 얼굴을 본다든지, 달 표면의 무늬에서 사람의 형상을 보는 것처럼 무작위적이고 불규칙한 형상 안에서 특정 이미지를 보는 증상을 말한다. LSD를 고용량 복용했을 때 나타나는 시각화는 복잡하고 그림 형식이며 개인의 기억이나 환상에 더욱 바탕을 둔다.

그렇다면 약물 반응은 전후 관계context가 거의 영향을 미치지 않는 전형적인 상향식 처리 과정이다. 이는 세부적인 감각보다 자극을 해석하는 방식이 더 중요한 발달성 공감각과 대조된다. 그림 3.3의 나본 그림과 그림 10.1 오른쪽에 있는, 알파벳 A나 H로 볼 수 있는 모호한 자극을 보자. 발달성 공감각에서 상황에 따라 다르게 해석되는 자극은 감각양식으로부터 독립적이다. 공감각자는 자소를 보거나, 듣거나, 단순히 개념을 생각하는 것만으로도 공감각을 유도할 수 있다. 예를 들어, 요일과 같은 높은 차원의 개념은 일상생활에서 지각적으로는 감지되거나 마주칠 수 없다. 공감각자는 혼란을 느끼지 않고 읽기에도 문제가 없는데, 이들은 개별 문자가 아니라 단어를 읽기 때문이다. 심지어 단어(어휘소)가 색을 띨 때에도, 공감각자들은 문맥과 의미를 이해하기 위해 세심히 글을 읽을 때면 색깔을 무시할 수 있다.

향정신성 화학물질은 지금까지 알려진 게 350가지, 아직 시험되지 않은 물질이 2,000개 정도 있다. 가장 빈번하게 보고되

 TAE CAT

그림 10.1 변상증(파레이돌리아)은 발달성 공감각자와 비교했을 때, 약물로 유도된 공감각에서 더 흔하게 나타나는 시각적 표현이다.

는 약물 유도 공감각 유형은 소리-시각이지만, 마약을 즐기는 사람들 중 1퍼센트 미만은 자연적으로 발생하는 공감각에서 가장 빈번한 자소-색깔 공감각을 보고한다. 또한 동일한 자소 범주 안에서 하나 이상의 선천성 공감각을 가진 사람은 별로 없다.

감각 차단과 방출 환각

감각의 입력이 차단된 뇌는 그 자리에 없는 것을 지각하면서 자기만의 현실을 투사하기 시작한다. 그러나 그렇게 이상한 일은 아니다. 샤워기 물소리 때문에 바깥 소리가 잘 들리지 않을 때, 전화벨이 울리거나 누군가 자신의 이름을 부르고 있다는 착각을, 그러니까 환청을 들은 적이 한 번쯤은 있지 않은가?

청각, 촉각, 시각을 상실했을 때 이와 비슷한 상황이 벌어진다. 지루함조차 환각을 일으키기 쉽다. 감각의 상실이 진행됨에 따라 환각은 강도와 정도가 심해진다. 처음에는 단순한 기하학적 패턴, 모자이크, 선, 점들의 나열, 클뤼버의 형태 상수와 같은 도형의 요소를 볼지도 모른다. 그러다가 점점 복잡해지고 꿈처럼 변하면서 사람과 물체가 엉뚱한 방식으로 나란히 등장한다.

시각 및 청각 장애 그리고 무감각증의 영역에서 '보이고', '들리고', '느껴지는' 환각을 방출 환각release hallucinations이라고 부르는데, 이는 마치 특정 감각 피질이 정상적인 상류 단계 피드백 결합에서 벗어나 독자적으로 행동하는 것 같기 때문에 붙여진 이름이다. 시력이 약해진 노인(백내장, 황반변성, 노안, 녹내장 등)은 찰스 보넷 증후군Charles Bonnet syndrome을 경험할 수 있다. 이 증후군에 걸리면 사람과 동물이 환시로 나타나는데, 자신이 환각 상태임을 인지하기 때문에 환시를 보고도 겁먹지 않는다.

시신경 또는 시신경로에 병변이 있는 환자도 맹시야에서 소리가 유도한 깜짝 놀랄 환시를 볼 수 있다. 환시를 유발하는 소리는 대개 라디에이터가 철커덕하는 소리, 밤에 온도가 내려가면서 벽이 갈라지는 소리, 보일러가 점화될 때 나는 소리 등 일상의 소음이다. 환시는 단순히 하얀 섬광에서부터 불꽃, 아메바, 활기차게 움직이는 꽃잎, 점들의 분사, 만화경처럼 보이는 색깔 형상까지 다양하며 모두 '찰나'에 존재한다. 어떤 환자는 다수의 환시를 경험하는 반면, 어떤 환자에게는 하나의 환시만 보인다. 임상적으로는 이것들을 '자발적 시각 현상spontaneous visual phenomenon'이라고 부른다.

환자 자신이 환시를 한쪽 눈으로만 지각하고, 그 환시가 같은 쪽 귀에 들리는 소리에 의해 유도된다고 믿는 것은 납득하기 어렵다. 이는 전통적인 시각과 청각의 해부학적 구조 배열과 모순되기 때문이다. 한쪽 눈씩 가리고 시험하여 확인하지 않는 한, 우리는 어느 쪽 눈이 물체를 보는지 알 수 없다(코가 방해되거나, 물체가 주변 시야의 비중복 구역에 있을 때). 이와 비슷하게, 물체의 음향적 위치 측정은 양쪽 귀에 도달하는 소리의 차이에 따라 달라진다. 그러나 소리에 의해 유도되는 방출 환각의 경우는 달랐다.

6번 환자의 경우, 전기담요 온도 조절기의 딸깍하는 소리가 그녀의 오른쪽에서 딸깍거릴 때만 환자의 오른쪽 눈에 섬광 환시를 유도했다. 그녀의 남편 옆에 있는 왼쪽 온도 조절기에서 나는 소리는 전혀 환시를 일으키지 않았다. 7번 환자의 꽃잎 환시는 간호사가 그의 오른쪽 귀에 대고 말할 때 오른쪽 눈에서 나와 지각되었다. 간호사가 왼쪽 귀에 대고 말할 때는 환시가 전혀 일어나지 않았다.

초기 시각 경로에 손상을 입은 사람의 60퍼센트가 자발적으로 발생하는 시각을 체험한다. 손상으로 인해 이들은 통합 다중 감각 영역을 포함한 과민성 하류 단계 구조를 가지게 되는데, 그것이 바로 공감각과 비슷한 현상을 일으킨다. 왼쪽 시야가 보이지 않는 한 사람은 다음 세 가지 종류의 방출 환각을 보았다. 얼굴의 오른쪽 절반이 녹아서 노란색-보라색을 띠는 것처럼 보이는 변시증(변형시증. 물체가 찌그러져 보이는 시각장애 – 옮긴이), 다수의, 또는 남은 흔적을 보는 반복시(자극이 된 물체가 제거된 후에도 물체의 시각이 재현되는 것), 빨간색-초록색 수직선, 빨간색-파란색 점, 흑백의 파동으로 나타나는 일반적인 형태 상수가 그것이다. 색소성 망막염에 걸려 49세에 시력을 완전히 잃은 한 사람에게서 촉각이 시각적 공감각을 유도한 경우도 있다.

명상 상태

참선이나 고급 요가와 같은 명상 상태에서는 외부에서의 입력이 감소된 상태이므로 실질적으로 감각 차단 상태와 유사해진다. 또한 제대로 수행하면 깊은 몰입 상태가 된다. '공감각을 키울 수 있는가'라는 질문에 답하기 위해, 캘리포니아 주립대학 어바인의 로저 월시Roger Walsh는 티베트 불교 수행 수련회 참가자들, 위빳사나 명상 단체의 의사들, 세 개 불교학파(테라바다-남방상좌부불교, 티베트 불교, 선종)의 스님으로 구성된, 수련 기간이 다양한 불교 명상가 세 집단을 선택했다.

순서대로 각 집단의 35퍼센트, 63퍼센트, 86퍼센트가 명상 도중에 공감각을 체험했는데, 명상을 수행한 기간과 공감각 발생에 상관관계가 있었다. 집단 전체로 보면 티베트 불교 수행 수련회 참가자들은 가장 초보였지만 그렇더라도 그 집단 내에서 공감각을 체험한 사람은 비공감각자에 비해 수행 기간이 거의 두 배나 길었다. 이는 단지 수련회에 참가한 시간이 아니라 실제 수행한 시간이 수 년이므로 유의미한 차이로 볼 수 있다. 4퍼센트라는 공감각 발생 비율과 비교했을 때, 명상하는 동안에는 공감각이 10배 이상 더 자주 나타난다. 그러므로 공감각을 체험하고 싶은 사람이라면 LSD를 복용하지 말고 명상을 배우는 것이 좋겠다. 참고로 가장 숙련된 스님 집단에서 일어난 공감각 체험의 57퍼센트는 다감각적이었다.

명상이 지각적 민감성을 높인다는 사실은 반복된 실험으로 증명되었다. 《모양을 맛보는 남자》에서 나는 "공감각은 실제로 우리 모두에게서 일어나는 정상적인 뇌 기능이다. 그러나 오직 소수만이 그 작용을 의식하는 경지에 도달한다"라고 주장했다. 윌시는 자신의 경험적 관찰을 토대로, 명상처럼 자각awareness을 강화하는 기법이, 은밀하게 그러나 늘 그 자리에 있었던 공감각의 존재를 의식의 세계로 드러내 보일 수도 있다고 주장한다.

윌시가 흥미롭게 관찰한 바에 따르면, 가장 숙련된 명상가들이 개념에 기반한, 또는 범주적 감각의 혼재를 보고했다. 인지적 감정, 사고, 이미지는 소리, 맛, 촉각과 같은 감각으로 체험된다. 감정은 감촉을 통해 가장 흔하게 체험되며, 맛이나 소리로는 덜 느껴졌다. 한 참가자는 생각을 "맛보았다"라고 말한 반면에, 다른 참가자는 "떨리는 진동"으로 느꼈고, 또 다른 사람은 "친구를 생각하자 프랜지패니 꽃향기가 느껴졌다"라고 말했다. 이 말들을 공감각의 한 유형으로 보아도 좋을지, 아니면 상상적 시각화로 볼지는 논란의 여지가 있다.

일본의 불교 종단인 조동종의 성전 《참동계》에는 "각 감각의

문과 그것의 사물은 모두 함께 상호 관계를 맺는다"라는 구절
이 있다. 한편 《반야경》은 감각과 관념을 구별할 수 있는 차이
가 없다고 주장한다.

> 모든 물질이 곧 공空이요, 공이 곧 물질이니,
> 느낌과 생각과 의지 작용과 의식 또한 그러하나니라.
> 공 가운데에는 물질도 없고, 느낌과 생각과 의지 작용과 의식도
>   없으며,
> 눈과 귀와 코와 혀와 몸과 뜻도 없으며, 형체와 소리, 냄새, 맛,
>   감촉과 의식의 대상도 없다.

월시는, "이러한 고대의 주장은 매우 진보된 명상 체험을 어
느 정도 정확하게 묘사한 대표적인 것이며, 이것이 어느 수준의
이상적 외삽을 나타내는지는 알 수 없다"라고 말했다. 월시의
관찰은 공감각과 교차감각적 은유의 연구에 있어서 명상가들이
야말로 아직 손대지 않은 영역임을 보여준다.

측두엽 뇌전증

측두엽에서 발생하는 발작은 복합부분발작 또는 정신운동성 뇌
전증(간질)이라고 부른다. 우선 용어를 명확히 하자면 경련이란
몇몇 종류의 뇌전증에서 볼 수 있는 격렬한 근육 수축인 반면

에, 발작은 뇌에서 일어나는 갑작스러운 전기 방전을 뜻한다. 모든 발작이 근육의 경련을 일으키는 것은 아니다.

뇌 전체에서 전기적 폭풍과 그에 따른 심한 경련을 일으키는 대발작과 달리, 측두엽 뇌전증에서 일어나는 발작성 방전은 제한적이다. 측두엽 뇌전증은 전체 뇌전증의 60퍼센트를 차지하고, 6,500명 중 한 명꼴로 발생한다. 모든 감각과 연상 영역이 측두엽으로 투사된다는 점을 고려하면, 측두엽 뇌전증 발작은 감정에 영향을 받는 주관적 지각을 일으킨다. 이는 데자뷔, 자메뷔(미시감. 기시감의 반대로 과거에 봤던 것을 처음 보는 것처럼 느끼는 증상-옮긴이), 비인격화, 돌발성 불안장애처럼 지각, 사고, 느낌의 변화를 완전하게 경험할 수 있다는 점에서 때로 '정신적 발작'이라고도 부른다. 전조는 체성somatic, 후각, 미각이나 시각적 환상, 현기증, 그리고 식은땀, 소름, 빠른 심박수처럼 자율신경 신호로 구성된다. 측두엽 발작시, 발작에 대해 알지 못하는 관찰자에게는 의도적인 행동으로 보이는 반복적인 동작(자동증)이 일어날 수 있으나 정작 환자 자신은 기억하지 못한다.

어떤 사람은 시각, 청각, 통증의 세 부분에서 간질성 공감각을 느꼈다고 기술했다. 뇌전도가 좌측 측두부 극파를 보일 때마다 양쪽 귀에서 '파이브(숫자 5)'라는 소리를 들었고, 회색 배경에 투사된 숫자 5를 보았으며 얼굴에 총상을 입은 것 같은 통증을 느꼈다. 성격상 간질성으로 볼 수는 없지만, 폐쇄성 두부 손상

이후에도 공감각이 나타날 수 있다. 내가 조사한 205건의 사례 중에서 1.4퍼센트가 몇 달 동안 지속되는 공감각성 통증을 경험했다. 밝은 빛이나 큰 소음이 이들에게 머리, 목, 팔에 총상을 입은 것 같은 통증을 일으켰다.

측두엽 발작의 약 4퍼센트는 맛과 냄새를 특징으로 한다. 상세하지는 않지만 대개 '쓴', '불쾌한' 또는 단순히 어떤 '맛'이 난다는 일반적인 용어로 표현된다. 그러나 전기 발작이 측두엽을 넘어서 확장될 경우, 그 맛은 맛이 느껴진 음소가 그런 것처럼 좀 더 구체적("녹슨 철", "굴", "아티초크")이 된다. 측두엽 뇌전증은 다음과 같은 사례에서 볼 수 있듯이 여러 주관적 증상을 혼합한다.

사례 21. 담즙의 맛, 왼쪽 손목이 얼얼하고, 입의 왼쪽 끝이 씰룩거림.

사례 24. 복통, 오한, 쓴맛, 메스꺼움.

사례 25. 목구멍의 이물감, 혀와 입의 움직임, 오른쪽 위에서 환시, 쓴맛.

사례 28. 위장에서부터 입으로 올라오는 강한 열감, 불쾌한 맛이 동반함.

공감각자인 리처드는 하루에 최대 20번의 측두엽 발작을 일으키는데, 이 횟수는 드문 것이 아니다. 리처드는 "모든 것이 고유한 색깔, 질감, 때때로 냄새를 가지고 있다"라고 말하며 어떻게 정상적인 공감각과 간질성 공감각이 결합되는지 보여준다.

> 발작의 핵심은 색깔과 음악이에요. 하지만 음악과 동시에 사람들을 보고, 목소리를 듣고, 장소를 보죠. 제 뇌에서 일어나는 빛과 소리의 쇼가 보여주는 아름다움과 별개로, 육체적 감각은 그저 황홀합니다. 황홀하다는 말로밖에 설명할 수 없어요. 발작이 끝나면 온몸에서 땀이 쏟아지고, 심장은 마치 힘든 운동을 막 끝낸 것처럼 뜁니다. … 다음 발작을 기다릴 수 없을 정도예요.

간질성 공감각이 발달성 공감각처럼 일관성을 보이는지, 그리고 동일한 혹은 전혀 다른 메커니즘을 가지는지는 아직 확인되지 않았다.

지금까지 제안된 모든 공감각 메커니즘은 반드시 예비적인 것으로 생각해야 한다. 공감각은 여전히 젊은 과학이다. 그 말은 분명 모순이 많다는 뜻이다. 연구를 통해 한 가지 사실이 명확해질 때마다 열 가지 새로운 질문이 제기된다. 과거에 자소 공감각자를 감각형과 심상형으로 나누었던 것처럼, 한때는 해결된 듯 보였던 문제들이 점차 공감각 경험과 그 주관적 표현의 생리학으로 파고들면서 더 불안정해진다.

40년 전에 나는 공감각이 가짜라고 주장하는 기존 학계의 격렬한 저항으로부터 10년을 버텨야 했지만, 오늘날 많은 젊은 연구자들은 미진하지만 다루기 힘든 부분을 바라보는 신선한 눈과 영리한 기술을 가지고 있다. 그러나 변화를 이끌어내기 위해서는 제시한 메커니즘이 여러 후천성 공감각은 물론 다양한 발달성 공감각을 설명할 수 있어야 한다. 명시적인 공감각을 공통적인 최종 결과물로 가지는 일련의 실체를 다룬다는 점에 유념해야 하지만, 그럼에도 불구하고 우리는 공감각적 두뇌에서는 혼선이 증가한다는 원칙에서 시작할 수 있다. 아직까지 덜 분명한 것은 그것이 어떻게, 그리고 왜 발생하느냐이다.

《수요일은 인디고블루》에서 이글먼과 나는 '연결성 증가' 대 '억제성 감소'라는 두 개의 큰 가설을 개괄적으로 설명했다.

연결성 증가 가설은 태아의 뇌가 초당 200만 개의 구조적 시냅스를 만든다는 사실로 뒷받침된다. 그로 인해 신생아의 다양한 뇌 영역 사이에 과도한 활동성 연결고리가 만들어지지만, 개인의 고유한 경험에 따라 가지치기하여 솎아내진다. 3장에서 설명한 다프네 모러의 '신생아 가설'을 떠올려보자. 이 가설은 모든 신생아가 공감각성이지만 생후 약 3개월이 지나면 그 특성을 잃는다고 주장한다. 공감각을 일으키는 혼선이 존재하는 이유에 대한 한 가지 설명은 정상적으로 생겨난 과도한 연결 상태가 어떤 이유로든 불충분하게 제거되어 성인이 될 때까지 유지된다는 것이다. 이와 같은 배선 증가 가설의 문제점은, 가설에 따르면 출생 직후에 바로 공감각이 나타나야 하지만, 실제로는 그렇지 않다는 점이다. 이 형질은 유년기 중반까지는 명확하지 않다. 자소와 관련된 공감각은 세 살 이후에야 나타나고, 감정이 매개된 공감각은 3~5세에 나타난다.

연결성 증가 가설이 변형된 또 다른 가설에서는 공감각자 뇌의 뉴런이 비정상적으로 과도하게 분지된다고 주장한다. 불충분한 가지치기와 왕성한 분지 개념 모두 공감각자의 뇌가 일반적인 뇌보다 시냅스 연결의 수가 더 많다고 가정한다(그림 11.1a). 그러나 아직 이 가정을 명확히 확인하지는 못했다.

두 번째 가설은 억제 오류를 공감각의 원천으로 가정한다. 정상적인 뇌에서는 흥분과 억제가 균형 잡혀 있지만, 공감각자의 뇌에서는 선천적으로 억제보다 흥분이 우위에 있다고 주장한다. 이 가설은 모든 사람의 뇌에 기본적으로 연결성이 풍부하지만, 억제 정도가 정상 뇌와 공감각 뇌의 차이를 일으킨다고 본다(그림 11.1b). 억제가 풀린 구조는 가까이도 멀리도 있을 수 있다. 중요한 것은 근접성이 아니라 두 독립체 사이에 존재하는 연결성에 있다.

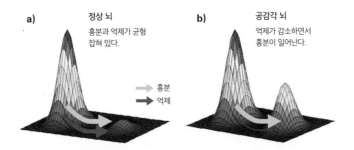

그림 11.1 억제가 감소하면서 활성 상태가 전파된다. 억제 수준이 정상일 때(a), 억제와 흥분이 균형을 이루므로 한 지역에서의 활성화 정도가 억눌러진다. 억제가 감소하면(b), 그 지역에서의 활성 상태가 제약을 받지 않고 다른 지역까지 흥분시킨다.

간단히 표현하기 위해 그림에는 장거리 억제성 연결을 묘사했지만, 중요한 차이는 지역적인 억제성 사이뉴런interneuron에 있을 것이다. 지역적인 네트워크는 전통적인 시상 입력에 대한 대뇌피질의 반응을 형성한다고 알려졌고, 다감각 결합의 한 이론은 이러한 신경전달물질이 매개된 억제 반응을 주장한다. 즉, 지역적 억제 네트워크는 높은 빈도의 피질 발사가 넓게 확산되도록 두는 대신, 좁은 지역에 제한된다고 추정된다. 그러한 억제성 네트워크가 경련제이자 순수한 $GABA_A$(감마 아미노부티르산의 이온성 수용체) 길항제인 비쿠쿨린bicuculline에 의해 약리적으로 차단되면, 하나의 피질 영역에 제한되었던 활동은 억제에서 벗어나 광범위하게 확산된다.

탈억제 가설은 비공감각자들이 때로 명상, 몰입, 감각 차단, 혹은 약에 취하거나 잠들었을 때 공감각을 경험한다는 관찰에 근거한다. 패티라는 공감각자는 잠들 무렵 문이 쾅 닫히는 소리를 들으면 폭발적으로 색이 유도된다고 말했다. 이것은 위의 상황에서 기존 경로가 기능 연결을 변경할 수 있음을 암시한다. 감각 치환 및 눈가리개를 한 피험자(5장)에서 보았듯이, 해부학적 교차 연결은 모든 뇌에 존재하지만, 흥분과 억제 사이에서 균형을 잡는 힘에 의해 기능하지 않게 되었다.

억제력이 약해지는 문제는 왜 자소-색 결합이 고르지 못한지를 설명한다. 대부분 공감각자들이 모든 자소에서 색을 보는 게 아니다. 그리고 선명한 정도는 문자마다 다르며, 변이가 심한 경우도 있다. 이 관찰 결과는 자소와 색 영역 사이의 혼선에 대한 우리의 이론이 불완전하다고 말한다. 영상 분석과 뇌자도 검사에 따르면 피험자가 자소를 보거나 들을 때 V4가 활성화되긴 하지만, 모든 자소가 색 영역을 활성화시키거나, 동일한 수준으로 활성화시키는 것은 아니었다.

그림 11.2는 이 문제를 그림으로 보여준다. 구름으로 뒤덮인 산맥 위를 날고 있다고 생각해보자. 우리가 의식하는 것은 구름

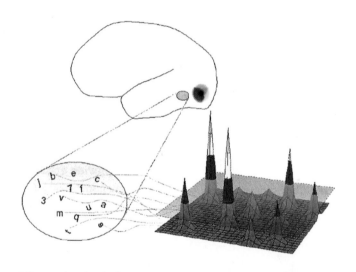

그림 11.2 이 그림은 자소를 부호화하는 뉴런과 색을 부호화하는 뉴런이 다양한 강도로 연결됨을 보여준다. 어떤 자소는 그림의 평면 위에 나타난 것처럼 의식의 역치 이상의 색 영역에서 활성을 끌어내는 반면, 다른 자소는 너무 약해서 감지될 수 있는 수준 이하에서 머문다.

위로 보이는 봉오리다. 다른 산은 구름을 뚫고 올라갈 만큼 높지 않아 우리에게 보이지 않거나 의식되지 않는다. 높이의 변이는 서로 다른 교차 연결의 강도를 나타낸다. 어떤 이들은 의식의 역치를 지나 뚫고 나올 것이고 또 어떤 이들은 그렇지 않을 것이다.

현재로서는 두 가설 중 하나를 선택하기가 불가능하다. 연결성 또는 신경전달 생리 현상 중 어느 하나에서 일어나는 변화가 다른 변수를 달라지게 할 수 있기 때문이다. 확산텐서영상을 이용한 초기 연구는 해부학적으로 증가된 연결성이라는 추론을 뒷받침하는 것처럼 보였지만, 같은 영상을 통해 관찰된 조밀한 연결성이 실은 신경전달물질 간의 불균형 또는 그 외의 이차적인 결과일 가능성도 있다.

가계 연관 분석을 강하게 추진해야만 공감각의 궁극적 원인을 분명히 설명할 수 있을 것이다. 가계 연관 분석은 가계에 모이는 복잡한 형질을 유전적으로 매핑mapping하는 간접 통계 방식이다. 이는 공감각처럼 침투도가 높은 형질에 효과적이다. 이 분석을 수행하기 위해서는 우선 대가족이 필요하고, 이상적으로는 가계 모든 구성원의 DNA가 필요하다. 세대를 거쳐 공통으로 전달되는 특정 DNA 범위를 밝혀냄으로써 공감각의 원인이 되는 유전자를 식별할 수 있다. 여기에는 조심해서 다루어야 할 미묘한 문제들이 있지만—예를 들어, 침투도는 나이와 성별에 따라 다를 수 있다―더 자세한 사항은 우리가 이 책에서 살펴볼 범위를 벗어난다.

어떤 메커니즘도 궁극적으로 '왜'라는 질문의 답에 이르지는 못하며 모두가 바라는 근본적인 의미에서도 마찬가지일 것 같다. 왜 누구는 공감각자이고 누구는 그렇지 않냐는 질문은, 왜 어떤 사람은 편두통이나 뇌전증이 있고 누구는 그렇지 않냐고 묻는 것과 같다. 인류는 무려 4,000여 년간 발작에 대해 알고 있었다. 고대인들은 뇌전증을 '신성한 병'이라고 불렀는데, 이 병에 걸린 자들이 초자연적인 영혼에 사로잡혀 전조와 예시의 축복을 받았다고 믿었기 때문이다. 오늘날 우리는 뇌전증에 대해 세포는 물론 분자 수준까지 상세하게 알고 있으나, 어떤 이는 뇌전증에 걸리기 쉽다고 말하는 것 말고 '왜'라는 질문에는 여전히 대답할 수가 없다. 얼마간은 공감각에도 마찬가지일 것 같다.

V4는 공감각의 근원이 아니다

인간의 뇌에서 색을 담당하는 V4 복합체는 비교적 최근인 1989년에 발견되었는데, 이때는 내가 이 주제에 관해 영어로 쓴 최초의 책 《공감각: 감각의 융합Synesthesia: A Union of the Senses》을 출간한 무렵이었다. 우리는 계속해서 V4 및 외계 색 경험의 토대가 되는 부수적인 피질 네트워크에 대해 상세히 알아가고 있다.[1] 공감각자의 뇌에서 V4의 활성이 증가한다는 최초의 보고서는 2002년에 나왔다. 단어를 들으면 색깔을 보는 13명의 공감각자에 대한 후속 연구를 통해 자소, 어휘소, 개념, 과잉학습된 순서배열에 대한 반응으로 색상 감지 활성이 높아진다는 것을 확인했다.

이런 연구 결과에도 불구하고 나는 V4가 공감각의 중추는 아니라는 점을 강조하고 싶다. 아무리 강조해도 부족하다. 자소에서 색깔을 보기까지 필요한 최소 회로를 가정해보자. 우선 추가된 색이 의식으로 들어가 사람의 주의를 끌어야 한다. 그리고 그에 대해 긍정적이든 부정적이든 감정적인 영향이 있을 것이다. 다음으로 기억이 형성되는데, 과거 사례의 기억이 인출되어 이 기억과 비교될 수 있다. 이는 우리가 경험의 무게를 재고, 다음에 어떤 일이 벌어질지 예상하고, 의미를 부여하고, 또는 단순히 그것이 전달하는 속도와 기억의 이점을 누릴 때 판단을 내리고 수행 기능을 한다. 그 의미는 자아, 자아 정체성, 그리고 더 많은 것들과 광범위하게 관련되어 있다.

최소 필요 회로는 소리, 맛, 접촉, 통증, 질감에 의해 색 경험이 유발될 때, 또는 그 경험의 일부가 움직임과 공간적 위치를 수반할 때 팽창한다. 즉 V4 외에도 훨씬 많은 뇌 조직이 동원되므로 공감각의 위치로 V4를 지목하는 건 잘못되었다는 것이다. 대신 분산 시스템이라고도 불리는 신경 네트워크의 관점에서 생각해보자. 나는 앞에서 신경 네트워크는 우리가 회로판에서 보는 것처럼 정적인 회로가 아닌 '동적인' 구조라는 점을 강조했다. 신경 네트워크는 필요에 따라 형성(전문 용어로 자가조립)되고, 스스로 보정하고, 작업이 완료되면 해체하며, 이후에 상황이 요구하는 바에 따라 재구성된다.[2] 이 관점은 '공감각은 어느 시점에 공감각적 표현을 뒷받침하는 분산 네트워크에서 우세한 과정으로 발생한다'고 말한다.

공감각 네트워크를 유동적이고 역동적으로 보는 관점의 장점은 순서배열-색깔 공감각자들이 휴지 상태에서 자극 유발 상태로 옮겨가는 과정에 대한 해부학적 연구로 설명할 수 있다. 연구 결과, 청각을 불러오는 자소와 시각(색)을 불러오는 자소를 비교했을 때 공감각자는 대조군보다 자소와 색 영역 사이가 더 많이 연결되었다는 결론을 내렸다. 이와 비슷하게, 음악-색 공감각에서는 시각과 청각 영역을 전두엽의 아래뒤통수이마다발inferior fronto-occipital fasciculus과 연결하는 백질 신경로가 정상보다 확장되었다. 또한 확산텐서영상은 자소-색깔 공감각자의 비공감각자 친척조차 백질 연결과 자소 처리가 이례적으로 증가함을 밝혔다.

이 흥미진진한 발견 이후, 우리는 V4를 단독적인 색의 중추로 주목해왔다. 그러나 이후 30년 동안 우리는 V4가 여러 물체 가운데 질감의 차이를 다루는 피질 네트워크와 중복된다는 사실을 알게 됐다. 이것이 색깔 공감각이 거의 언제나 색에 덧붙여 다른 감각질을 수반하는 한 가지 이유다. 우리는 질감을 지각하고 여러 감각양식을 통해 의미를 부여할 수 있다. 그것은 시각일 수도(금속성의, 벨벳 같은, 바스러지는, 반짝거리는, 투명한), 촉각일 수도(거친, 부드러운, 굴곡진, 버터 같은, 번드르르한, 뾰족한), 아니면 소리일 수도(탁탁거리는, 부글거리는, 청아한) 있다. 음악은 확실히 색뿐 아니라 질감도 불러일으킨다. 션 데이는 재즈를 들으며 자신이 본 음악적 환시에 손을 뻗어 휘저었다. 다른 공감각자들도 특정 목소리의 질감을 버터 같은, 따뜻한, 황금 같은, 청아한, 흐르는 초콜릿처럼 부드러운 목소리라고 묘사해왔다.

우리는 이제 색과 표면의 질감을 처리하는 네트워크가 중복된다는 사실을 안다. 둘 다 물체의 재료가 가지는 별개의 특성과 명확히 관련되어 있지만, 해부학적으로나 행동적으로 분리할 수 있다. 또한 우리는 공감각이 다차원적 체험이며 그래서 당연히, 색깔 영역이 때로 형태를 처리한다는 사실도 알고 있다. (사실, 전통적으로 정의된 어떤 해부학 영역도 '순수'하지 않다. 단일 감각을 처리하는 피질로 생각되는 영역에 전극을 꽂았을 때, 다른 감각양식에 반응하는 뉴런이 발견되기도 한다.) 초기의 뇌 영상 연구가 측면고랑collateral sulcus이나 아래뒤통수이랑inferior occipital gyrus과 같은 질감 반응 영역의 활성에 주목하지 못한 것은 여러 방법론적 문제 때문이다. 새로운 시험 방법을 통해 색 없이 오로지 질감만 있는 공감각이 존재하는지 알아낼 수 있을 것이다.

레티넥스, 그리고 전통적인 색 이론이 부적합한 이유

의식적인 시각vision은 시간과 공간 속에 분산된다. 이것은 예술가들이 흔히 이용하는 착시와 지각 효과를 낳는다(뒤에 나오는 '수채화 효과' 참조). 우리는 물체의 동작을 감지하기 80~100밀리세컨드 전에 색을 먼저 지각한다. 이는 자극이 한 세포에서 다른 세포로 건너가는 데 불과 0.5~1밀리세컨드밖에 걸리지 않는 신경 세계의 시간 척도로 보면 어마어마한 차이다. 우리는 방향 이전에 색을 지각하고, 얼굴의 정체를 알아채기 전에 감정을 먼저 감지한다. 이러한 시간적 비동시성에도 불구하고, 세분된 시각의 속성은 완벽하게 경험된다.

우리가 색을 보는 방식에 대한 설명은 언제나 오류로 시작한다. 즉, 망막의 세 가지 원뿔세포 수용기가 각각 적색, 청색, 녹색 빛의 파동대에 반응한다는 주장이다. 이것은 완전히 잘못된 주장이다. 빨간색 파장이나 파란색 파장 같은 것은 없다. 빛은 파장의 집합이긴 하지만, 색은 없기 때문이다. 4장에서 아이작 뉴턴이 "광선은 색이 없다. 그 안에서 이런저런 색의 느낌을 불러오는 특정한 속성만 있을 뿐이다"라고 말한 것을 떠올려보라.

자극이 나타나길 기다리는 바보 안테나처럼 주어진 세계를 수동적으로 받아들이는 대신, 뇌가 어떻게 스스로 현실을 구성하는지 보여주는 가장 좋은 예가 바로 색일 것이다. 뇌는 결코 수동적인 수신자가 아니며, 흥미를 불러오는 것을 적극적으로 찾는다. 이것은 각각의 뇌를 고유하게 만들어 객관적으로 동일한 것을 보더라도 각자 다른 주관적인 관점을 가지게 한다. 이는 조지아 오키프가 "현실주의보다 덜 현실적인 것은 없다"라는 말을 통해 드러낸 것처럼 당연히 예술에도 적용된다.[3] 작가 아나이스 닌Anaïs Nin은 "우리는 사물을 있는 그대로 보지 않고, 우리 방식대로 본다"라고 선언함으로서 오키프의 관점을 지지했다.[4]

시각이 유용하려면, 뇌는 끊임없는 플럭스 속에서 세상의 본질적이고 변하지 않는 특성을 찾아내야만 한다. 골든 딜리셔스 사과는 햇빛 아래에서 보든, 백열등, 형광등 밑에서 보든 똑같은 색으로 보인다. 그러나 파장의 조성이 이렇게 엄청나게 다른 광원 아래에서 보았는데 왜 사과의 색은 변하지 않는 걸까? 사과의 색이 더 푸르러 보여야 하는 한낮, 그리고 부엌 조리대 위나 냉장고의 LED 조명처럼 색조가 다른 실내에서보다 해가 뜨거나 질 무렵에 왜 더 붉어보이지 않는 걸까? '색 항상성'의 퍼즐을 풀기 위해 지난 200년간 바쳐진 서적들이 있다.

색시각은 우리로 하여금 1,000만 가지가 넘는 색상을 구별하게 한다. 그러나 거기에 어떤 목적이 있을까? 색이 아주 긴 진화적 시간 속에 수많은 종에서 보존되어왔다는 것은 색의 기능이 심미적인 것을 넘어선 보다 근본적임을 암시한다. 짧게 대답하자면, 뇌의 색깔 장치는 끊임없이 변하는 시각 환경에서 물체의 변함없는 속성을 결정하는 역할을 담당한다. 늘상 변하는 주변 조명에 따라 색이 온갖 다양한 변화를 겪는다면, 색은 생물학적 효용이 별로 없을 것이다. 움직이는 물체는 특히 혼란스럽다. 사물의 표면이 끊임없이 달라지는 파장으로 구성된 빛을 반사함에도 우리는 어떻게든 변하지 않는 색을 배정한다. 폴라로이드 카메라를 발명한 것으로 더 잘 알려진 저명한 광학 과학자 에드윈 랜드Edwin Land는 뇌가 어떻게 이 일을 해내는지 알아냈다.

랜드 박사는 색시각에 관한 자신의 이론에 '레티넥스Retinex'라는 이름을 붙였다. 1950년대 후반에서 1970년대까지는 색시각의 메커니즘이 망막에 있는지, 뇌의 피질에 있는지 결정할 수 없었기 때문이다(망막을 뜻하는 'retina'와 대뇌피질을 뜻하는 'cortex'의 합성어 – 옮긴이). 랜드 박사는 대중 앞에서 재현하는 형식으로 자신의 가설을 증명했고 사람들은 자신의 눈을 의심했다. 랜드 박사의 실험 장치 중앙에는 무광의 컬러 종이 위에 그려진 두 개의 동일한 콜라주가 있다. 이 콜라주는 네덜란드 화가 피트 몬드리안의 작품을 닮아 '몬드리안'이라고 불렀다(그림 11.3). 왼쪽과 오른쪽에 있는 보드는 장파, 중간파, 단파 조명을 어떤 밝기로도 혼합할 수 있는 대역 필터가 장착된 세 대의 프로젝터에 의해 개별적으로 끄고 켜진다. 우선 예를 들어 왼쪽 몬드리안에 있는 빨간색 직사각형을 선택해보자. 여기에 조준된 망원경 광도계는 그 직사각형에서 나와 우리 눈에 도달하는 에너지 플럭

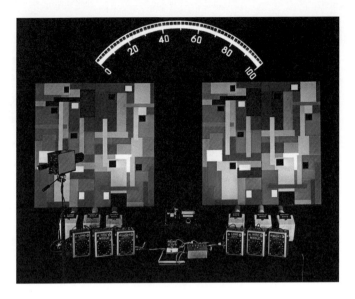

그림 11.3 에드윈 랜드의 '색 몬드리안'을 재현하기 위한 장치.

스의 주파대를 따로따로 측정한 다음, 그 결과를 위쪽의 흰색 눈금에 표시한다. 이번엔 오른쪽 몬드리안에 있는, 예를 들면 초록색 직사각형을 선택한다. 여기에 조명을 비추는 세 대의 개별 프로젝터가 이번에는 초록색 직사각형에서 나오는 세 종류의 복사에너지가 왼쪽 몬드리안의 빨간 직사각형에서 오는 복사에너지와 정확히 일치되게 만든다(그림 11.4). 동일한 에너지 플럭스가 눈에 도달함에도, 두 직사각형은 서로 다른 색 감각을 만들어낸다. 파장에는 색깔이 없다. 색은 보는 사람의 뇌에서

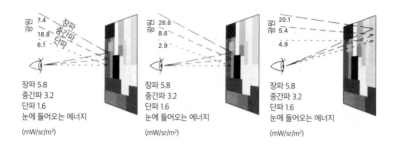

그림 11.4 랜드 박사의 '색 몬드리안' 실험의 물리학. 눈에 도달하는 에너지 플럭스가 동일하더라도 다른 색감을 만들어낸다.

창조되어야 한다.

랜드 박사는 색이란 뇌의 특성이지 사물이 아니라는 사실을 발견했다. 뇌는 단지 비율을 계산함으로써 물체의 표면에 고정된 색을 할당한다. 이는 모든 지각에는 비교가 관여한다는 원리와도 일치한다. V4가 하는 일은 한 지점에서 반사되는 장파, 중간파, 단파의 상대적 밝기lightness를 그 지점을 둘러싸는 표면에서 반사되는 밝기와 비교하는 것이다. 비교는 비율로 이어지고, 그 비율은 조명과 관계없이 절대 변하지 않는다.

색은 여러 의미에서 자율적이다. 색의 해부학적 기질substrate은 뇌 전체에 균일하게 분포하지 않는다. 심지어 시각적 뇌를 구성하는 24개 영역에서도 마찬가지다. 색은 온전히 V4 복합체에 자리한다. 그리고 V4는 오로지 비율 계산에만 신경을 쓴다. 더 나아가 V4는 뇌의 나머지 구역에서 벌어지는 일들과는 독립

244

적으로 운영된다는 의미에서 자율적이다. 예술에서는 이것을 '수채화 효과'를 통해 볼 수 있다. 수채화에서는 색을 윤곽선에 굳이 맞출 필요 없이 선 바깥으로 편안하게 배어나오게 할 수 있기 때문이다(그림 11.5).[6] 뇌의 색 시스템은 낮은 해상도에서도 작동하므로 우리는 색이 정확히 선까지 닿지 않는 것에 크게 신경쓰지 않는다. 색깔은 상대적으로 투박하게 지각되는데, 이는 색의 신경 네트워크가 형태나 공간 위치를 결정하는 신경 네트워크에 비해 신경세포 수는 적은 반면에 훨씬 큰 지각 영역을 담당하기 때문이다. 예술가들은 일반적으로 색이 이루는 선명한

그림 11.5   에이브러햄 왈코비츠Abraham Walkowitz(미국 화가, 1878-1965)가 그린 이사도라 던컨.

경계선보다 훨씬 느슨하게 색을 적용해도 된다. 상대적으로 낮은 휘도의 색깔은 실제로 그렇지 않더라도 선명해 보일 것이다.

색을 생각할 때, 우리는 색소의 색(감색, subtractive color)과 빛의 색(가색, additive color)을 구별해야 한다. 그 차이는 감색의 예술가 이브 클라인Yves Klein, 요제프 알베르스Josef Albers, 마크 로스코Mark Rothko와 가색의 예술가 댄 플래빈Dan Flavin, 존 휘트니John Whitney, 오스카 피싱거로 대표된다.

색의 자율성은 당연히 공감각자에게서 특히 두드러지는데, 이때 색은 폭넓은 종류의 지각에 자신을 추가한다. 자소에서 색을 보는 공감각은 잘 알려져 있고, 그 밖에 주변 소음과 음, 조, 음색을 포함하는 소리에서 색을 보는 경우는 물론이고 맛에서, 그리고 시간 단위(요일, 월, 달력 형체, 특정 날짜와 시계의 시)에서 색을 보는 유형 등 목록이 너무 많아 다 열거할 수도 없다. 연구자들은 지금까지 100가지 이상의 결합 목록을 작성했다.

책을 마치며

발달성 공감각은 뇌 가소성이 가장 큰 삶의 초기 단계에 저절로 형성된다. 이는 개개인의 뇌가 유전적으로 다르기 때문만이 아니라, 아이들이 다양한 종류의 사물을 배우는 시기에 일어나는 차이 때문이다. 강조했듯이 공감각 성향은 유전적으로 결정된다. 그러나 공감각이 발현되는 구체적인 형태는 환경과 학습에 의해 형성된다.

감각의 결합은 시간이 지남에 따라 교차감각 학습과 범주적 지각의 정상적인 메커니즘을 수반하는 과정에 의해 통합된다(모든 사람들이 음높이와 휘도 사이의 상관관계를 보인다). 이는 개인마다 결합의 양상이 모두 다르면서도 전적으로 무작위적이지 않은 이유다. 경험적이고 의미론적인 영향이 최종 표현형을 좌우하는데, 예를 들어 시계에서 1부터 12까지의 숫자 배열에 영향을 준다. 앞으로 디지털 시계가 보편화되고 아날로그 시계가 자취를 감추면 이런 양상이 변할지 지켜보는 것도 흥미로울 것이다.

여러 연구에서 연합학습이 공감각의 일반적인 메커니즘이 아님을 반복적으로 보여주었다. 각인이 일어날 수는 있지만, 그렇다고 표준으로 삼을 수는 없다는 말이다. 내부에서 생성된 공감각 지각은 어린 뇌가 다양한 물체의 다감각적 특성을 교차감각 연관성과 함께 학습할 때 다른 감각 인상과 유사한 방식으로 구체화되고 처리된다.

미래에는 유아 집단의 발달을 추적하는 대규모 전망 연구가 증가할 것이다. 이 연구는 유전자 발현과 환경이 오로지 신경 혼선을 만들어 내기 위해 상호작용하는 '특정 시기'에는 공감각이 '잠겨 있다'라는 추측을 설명할 것이다. 그러한 상호작용의 성질을 밝히는 것은 엄청나게 풍성한 연구 분야가 될 것이다.

공감각 유전자를 분리하기 위한 추적이 여러 나라에서 진행

중이며, 새로운 유전 도구와 방법이 빠른 속도로 등장하고 있다. 탐색의 대상이 좁혀지면, 공감각 유전자가 인구에 그렇게 흔한 까닭을 더 잘 설명할 수 있을 것이다. 왜 진화는 이 형질을 이토록 강하게 선택했을까? 그리고 이 형질의 더 큰 목적은 무엇일까? 정말 은유에 대한 유전자일까? 감각적 결합의 분포는 무작위적이지 않은데(표 4.1 참조), 이는 특정 유형에 대한 진화의 선택압이 있음을 강력히 시사한다. 예를 들어 청각은 채널이 하나뿐이므로 청각 공감각은 주위 환경에서 나는 실제 소리를 듣지 못하게 방해할 수 있다. 그와 대조적으로 시각은 모양, 움직임, 위치, 대비 등 다차원적이다. 색은 이 중 하나에 불과하며 삶은 색에 의존하지 않는다. 예를 들어 8퍼센트의 남성이 색맹이지만 문제없이 생활하며, 미국에서만도 2,600만 명에 달하고, 누군가 그 사실을 알려주기 전에는 대부분의 사람들이 의식하지 못한다. 색시각과 결합하는 어떤 공감각도 청각이나 촉각 같은 더 중요한 감각에 연결된 공감각보다는 장애가 덜할 것이다. 이 사실은 통계로 알 수 있다. 청각과 촉각 공감각은 훨씬 드물다.

한 사람의 DNA에서 일어나는 지극히 작은 변화가 뇌에서 혼선을 증가시킨다. 혼선이 일어난 지역이 수형 또는 인격화처럼 감각적 또는 개념적이라면 공감각은 비정상적인 징후로 쉽게 드러난다. 만약 동일한 돌연변이를 지니고 있지만 비감각적 영역에서만 혼선이 발현된다면 어떻게 될까? 예를 들어 그 돌연변이 유전자가 도덕적 추론, 판단, 계획에 관여하는 전두엽에서 발현한다면 어떻게 될까? 기억, 감정, 공포, 투지와 관련된 영역에서 혼선이 증가한다면 어떻게 될까? 창의성에 영향을 미치거나, 지능을 높이거나, 정신 질환을 일으키거나, 혹은 타락하게 만들지는 않을까? 마지막으로, 이러한 근본적인 방식으로 공감각 이면의 메커니즘을 이해한다면 오랫동안 인간을 당혹하게 만들었던 정신적, 인지적, 신체적, 정서적 능력과 관련된 여러 재능과 질환을 해명할 수 있을 것이다.

반면에 자폐성 장애에서 볼 수 있듯이 혼선이 감소되었을 때는 어떤 일이 일어날까? 자연에서 어떤 방향으로 변화가 일어나든, 우리는 그 반대 방향으로 일어나는 변화도 찾을 수 있다. 자폐성 장애를 공감각의 반대라고 말할 수 있을까? 앞서 나는 거울 촉각 공감각은 공감 능력이 낮은 자폐성 장애에서도 일어날 수 있다고 했다. 실제로 많은 연구 결과가 자폐 스펙트럼 내에서 혼선이 감소한다는 견해를 뒷받침한다. 예를 들어, 맥거크 효과가 크게 감소한 경우, 이들의 시각과 청각 경로는 다른 감각들만큼 단단히 결합하지 않는다. 이들은 주위의 상황(맥락)을 어떻게 읽느냐에 따라 달라지는 시각적 착시현상을 지각하지 않으며, 일상적으로 모든 사람들이 받아들이는 특정 착시현상에도 속지 않는다.

과학에서 법칙이란, 자연이 예외를 통해 자신을 드러낸 것이다. 이것이 바로 공감각이 단순한 호기심거리가 아닌 이유이다. 공감각은 확장된 마음과 뇌, 그리고 현실을 구성하는 지극히 개인적인 관점을 바라보는 창문이다. 공감각자와 비공감각자 모두에게 움벨트는 존재 전체의 작은 조각일 뿐이다. 인간의 뇌는 수동적인 안테나가 아니라, 물리적 세계로부터 뇌 스스로 추출한 작은 조각들로 현실을 구성한다. 여러 다양한 유형으로 나타나는 공감각은 사람마다 세상을 보는 방식이 근본적으로 다르다는 사실을, 그리고 각자의 뇌는 맨 처음 지각한 것을 고유한 방식으로 걸러내어 철저히 주관적인 세상을 만든다는 사실을 알려준다.

○

해제
········

"A는 잘 익은 체리의 검붉은 색에서 윤기나는 광택을 제외한 색이에요!"

"이 휴대폰 벨소리 〈터키행진곡〉은 나장조네요. 연하고 새틴 같이 부드러운 하늘색이 공간을 감싸고 있어요. 원래 〈터키행진곡〉은 가장조인데."

"당신의 이름은 오로라 광채가 도는 무지갯빛이에요."

한 가지 자극이 보통 사람에게 경험되는 것 이외에 추가적인 경험을 유발하는 공감각. 이러한 특별한 능력을 지닌 사람들이 자신의 믿기 어려운 경험에 대해 공들여 묘사한 이야기는 아무리 들어도 매번 흥미롭기만 하다. 미국에서 박사과정 중에 같은 대학 신경해부학 교수였던, 본인이 글자나 단어에서 보는 색을 활용해 수없이 많은 해부학 용어를 기억한다는, (그리고 오로라 광

채 무지갯빛인 내 이름을 좋아했던) 색-자소 공감각자를 만났을 때, 나는 이 현상에 즉각적으로 사로잡혔다. 짧은 여름 프로젝트로 시작했던 공감각 연구는 결국 원래 계획했던 주제를 밀어내고 내 박사학위 논문의 주제가 되었다. 그리고 그 후로 지금까지 미국, 한국, 세계 어느 곳에서든, 공감각에 대한 이야기는 언제나 나에게 청중들과의 흥미로운 소통의 창구가 되었다. 아무리 낯선 측정과 복잡한 분석 방법을 담고 있더라도, 공감각 연구를 주제로 한 강연은 실패하기 어렵다. 청중은 늘 호기심으로 두 눈을 반짝이며 공감각에 대한 이야기에 귀를 기울일 준비가 되어 있기 때문이다.

하지만 내가 공감각으로 박사학위 논문을 쓰기로 결정할 때, 이 책에서 언급된 것처럼 내 연구가 과학적 성과물로서 '진지하게 받아들여지지 않고 오히려 평판에 흠을 낼까' 염려가 없지 않았다. 이미 2000년대 중반, 공감각에 대한 과학적 연구 성과가 〈사이언스〉, 〈네이처〉 등 최고 권위의 과학 학술지에 게재되고, 연구자나 발표 논문의 수도 기하급수적으로 증가하고 있던 중인데도 그랬다. 그러니 그보다 수십여 년 전, 흥미롭기는 하나 기이한, 믿기 힘들고 지어낸 이야기 같은, 과학적으로 입증하기 어려운 현상으로 여겨졌던 공감각을 연구하고 대중에게 널리 알리려 했던 리처드 사이토윅 박사는 무모하리만큼 용감한 사람이었을지도 모른다. 그는 아주 오래전 아리스토텔레스의 저작에 유사한 현상이 기록된 바 있으며, 100년 전 찰스 다윈의 사촌인 프랜시스 골턴이 유전적 기반에 주목하였던 공감각을 다시 과학의 한가운데 자리잡도록 하는 데, 그리고 나를 비롯한 많은 과학도들이 심리학과 뇌과학의 실험 절차와 최신 테크닉을 공감각의 이해에 적용하도록 시도하는 데 커다란 공헌을 한 인물이다.

오랜 기간 공감각에 천착해온 사이토윅 박사는 이미 공감각에 대한 책 여러 권을 출판한 바 있다. 2002년에 출판된《공감각: 감각의 융합Synesthesia: A Union of the Senses》과 2003년에 출판된《모양을 맛보는 남자The Man Who Tasted Shapes》는 내가 학위 논문을 쓸 때에도 참고했던 책들이다. 특히《모양을 맛보는 남자》는 이웃이었던 맛-형태 공감각자 마이클 왓슨 사례를 중심으로 구성된 책으로, 저자가 공감각자와 교류하면서 겪은 흥미로운 일화들을 가득 담고 있다. 이어 2009년에는 공감각 연구자이자 작가, 저명한 과학커뮤니케이터인 데이비드 이글먼 박사와 함께《수요일은 인디고블루Wednesday Is Indigo Blue》를 저술하기도 하였다.《모양을 맛보는 남자》가 공감각자 개인 사례 중심이라면《수요일은 인디고블루》는 그간 축적된 공감각 실험 연구사례들을 총정리하고 뇌, 유전자 등 생물학적 기반에 대해서도 적극적으로 논의한 책이라 하겠다.

사이토윅 박사의 신작《공감각》은 한편으로는 같은 주제에 대한 그의 전작들을 집대성한 성격을 지니고 있다. 그간 연구와 저술을 통해 직접, 간접으로 접한 다양한 공감각자들의 흥미로운 경험 이야기, 그리고 놀랄 만큼 발달해온 공감각 분야의 연구 이야기가 잘 조화를 이루며 책 한 권을 빼곡히 채우고 있다. 《수요일은 인디고블루》가 출판된 2009년부터 지난 십 년간 축적된 새로운 연구 성과들을 업데이트해서 담고 있음은 물론이다.

특별히 《공감각》에는 저자의 이전 저작들과 구별되는 중요한 특징이 있다. 그것은 바로 이 책이 다루는 내용이 단지 부가적인 감각 경험을 하는 특별한 사람들의 공감각에 머무르지 않고, 공감각자가 아닌 모든 인간의 '연관 감각' 경험으로 범위를 확장한다는 점이다. 애초에 공감각이 과학의 주요 이슈로 자리매김하게 된 이유는, 단지 그 현상이 흥미롭기 때문이라기보다는 이 특별한 조건이 다양한 감각정보들을 연결하고 통합해서 경험하는 인간의 지각을 반영하고, 이를 제대로 이해하는 데 징검다리 역할을 해줄 수 있으리란 기대 때문이었다. 각각의 고유하고 독립적인 신경 경로를 통해 처리되는 단일 감각 정보들이 어떻게 하나의 물체에 속한 것으로 통합되는가를 의미하는 '결합 문제binding problem'는 심리학과 뇌과학의 가장 오래고 근본적인 질문 중 하나이다. 일찍이 이 결합문제에 주목한 앤 트레이스먼Anne Treisman 박사는 생전에, 공감각을 이해함으로써 이 난제에 한발 다가설 수 있을 것이라 제안한 바 있다. 최근에는 하나의 물체에 속한 감각 정보들 간의 통합이 아니라, 우리의 지각과 사고, 언어에 내재하는, 일견 연관이 없어 보이는 감각 속성들 간의 연관성에 대해서도 학자들이 주목하고 있다. '교차감각 연관성cross-modal association/correspondence'이라고 불리는 이 성질은 작고 밝은 것은 높은 소리, 크고 어두운 것은 낮은 소리와 더 잘 어울리고, 배열 순서상 앞쪽에 있는 수는 왼쪽, 뒤쪽에 있는 큰 수는 오른쪽 공간과 더 잘 어울리는 등 수많은 사례들로 예시된다. 사이토윅 박사는 이 책에서 공감각을 감각 통합, 결합문제, 그리고 교차감각 연관성과 지속적으로 연관시켜 논의함으로써, 책을 읽는 모든 사람이 공감각을 자기 자신의 경험과 연결시킬 수 있도록 해준다.

이 책의 이러한 특성은 사실 사이토윅 박사의 개인적인 선택이라기보다는, 공감각 연구 분야가 발달해온 방향과 현황을 반영하는 것이기도 하다. 공감각 연구의 초기에는 공감각 유발 자극과 유도된 지각 경험 간의 연관성이 공감각자 개개인에 따라 다르다는 특성이 강조되었다. 하지만 공감각 연구 분야가 성장하고 자료가 축적됨에 따라, 큰 개인차에도 불구하고 공감각적 연합에 무작위적이지 않은 특성이 있는지에 대한 관심이 커졌다. 색-자소 공감각의 경우를 예로 들면, 글자 배열 중 순서, 형태, 소리, 그리고 의미 등에 따라 특정 공감각 색과의 연관성이 더 큰지에 대한 연구들이 진행되었던 것이다. 나도 한국으로 돌아온 이후 한국인 공감각자들을 찾아, 영어 알파벳과는 다른 한글의 특성이 색과의 연합에 영향을 미치는지 연구하였다. 특히 한글, 알파벳, 일어의 히라가나와 가타카나, 한자, 그리고 숫자까지 여러 가지 기호에서 색을 경험하는 다중언어 공감각자들은 이러한 규칙을 밝히는 데 귀한 연구 대상이 되어주었다. 또한 미국, 스페인, 네덜란드, 일본의 공감각 연구자들과 협력하여 각 언어 기호가 가지는 특징들을 비교하여 글자-색 연합의 규칙을 규명하는 비교언어적 연구를 시도하기도 하였다. 이러한 연구는 공감각자를 넘어 모든 사람에게 내재하는 특정 모양, 소리, 순서배열과 밝기, 색상 등의 연합 관계에 대한 교차감각 연관성 연구로 확장되고 있다.

처음 이 책의 감수를 의뢰받았을 때, 나는 사이토윅 박사가 이미 여러 권의 공감각 책을 펴냈는데 아직도 새롭게 쓸거리가 있을까 잠시 의구심을 가졌었다. 하지만 첫 페이지부터 마지막 페이지까지 단숨에 읽어내리고 난 지금, 사이토윅 박사가 새로 이 책을 쓰게 된 데에는 분명 그럴 만한 이유가 있었다는 것을 알겠다. 공감각 사례 연구로부터 공감각 연구에 대한 통합서를 넘어 모든 사람에게 내재하고 서로 공유되며 사고와 언어의 근간이 되는 감각 요소들 간의 연관 관계까지, 이 책은 공감각의 세계와 그 의미를 일반화하고 확장하고 있었다. 이 책을 읽는 것은 공감각을 승차권 삼아, 감각 지각부터 학습, 언어, 정서에 이르기까지 마음을 연구하는 심리학의 전 분야를 넘나드는 여행과도 같다. 이 책은 공감각에 관심 있는 독자들뿐 아니라 심리학을 맛보고자 하는 독자들에게도 흥미와 올바른 학문적 지식의 습득이라는 두 가지 목표를 동시에 달성할 수 있게 해줄 것이다.

2019년 7월
김채연(고려대학교 심리학과 교수, 공감각 연구자)

용어설명

가소성 plasticity

신경가소성이라고도 한다. 영어로 가소성을 뜻하는 '플라스틱'은 싸고 인공적인 것을 암시하므로 이상하게 들릴 수 있는데, 아마도 샴푸 통을 연상했기 때문일 것이다. 원래의 어원인 'plassein'은 그리스어로 '(틀에 넣어) 형성하다, 주조하다'라는 뜻이다. 그리고 점차 '형성하는 특성'을 뜻하는 말이 되었다. 과학용어로 가소성은 변화하고 적응하는, 그리고 새로운 연결을 만들거나 기존의 것을 변경하는 뇌의 능력을 말한다. 뇌는 사람의 나이에 따라 가소성의 정도가 다양하다.

각인 imprinting

문자 그대로, 표시를 새기거나 도장을 찍는 것. 심리학적으로는 단계 또는 시간에 민감한 학습을 말한다.

감각양식 modality

종종 '감각'과 호환적으로 사용된다. 기본적인 감각양식에는 빛, 소리, 맛, 냄새, 온도, 무게, 압력, 고유감각이 있다.

감각질 qualia(단수: quale)

지각의 주관적이고 내적인 측면. 적색도와 녹색도는 색깔에 특수한 감각질이다. 장미의 향은 장미꽃에 특수한 감각질이다.

결합문제 binding problem

색, 모양, 소리, 맛, 냄새, 질감, 온도와 같은 한 물체의 서로 다른 속성은 분리된 뇌 영역에서 각기 다른 속도로 부호화된다. 그러나 뇌는 어떤 속성이 어떤 물체에 해당하는지 파악한 다음 하나의 지각으로 통합해야 한다. 이것이 결합문제다.

과잉학습된 순서배열 overlearned sequences

기계적 반복에 의해 학습되고 강화된 모든 순서배열을 일컫는다. 알파벳, 정수, 요일, 달 등이 예다. 누군가의 이름, 생일, 주소를 말하고 쓰는 것 또한 우리가 일생에 주기적으로 반복해서 사용하므로 과잉학습된다(그러므로 기억력 테스트에는 좋지 못한 대상이다).

내수용성 interoception

호흡, 배고픔, 심박수, 장운동와 같은 내부 감각의 지각. 내수용성은 자율 운동 제어와 관련 있고, 자기 정체성 및 자아감과 연결된다.

다중감각양식 polymodal

하나 이상의 감각이 수반되는. 루리야의 S는 5중 감각 공감각자의 아주 좋은 예이다. 그러나 유일한 예는 아니다.

미시발생 microgenesis

직접 경험은 최종 경험의 기원이 이미 초기 구체화 단계에서 체화된 것을 역동적으로 전개하는 것에 불과하다고 보는 이론. 미시발생은 인지 이론이 주장하듯이, 어떤 지각, 사고, 표현, 행동도 감지나 통합이 아닌 분화를 전개하는 과정이라는 현상적이고 발생적인 인지 이론이다.

밝기 lightness

색을 만드는 게 빛의 파장일 수는 없다. 조명이 달라도 색이 변하지 않으므로 물체의 색을 일정하게 유지시키는 건 뭔가 다른 것임이 분명하다. 물체의 밝기는 눈에 보내지는 에너지의 양이 아니라 주위에 있는 그밖의 모든 것에 좌우된다. 조명이 변할 때에도 일정하게 유지되는 것은 그 장소에 있는 모든 다른 물체와 비교했을 때 상대적인 물체의 밝기다. 랜드 박사는 물체의 색은 세 가지 상대적인 밝기를 계산하는 뇌에 좌우된다는 결론을 내렸다. 밝기가 변하지 않으므로, 색은 조명이 변해도 일정하게 유지된다.

식용적 comestible

먹을 수 있는, 또는 먹거리. 우리는 다감각적 입력을 통해 어떤 물품이 먹을 수 있는지, 맛은 어떨지, 그리고 그 밖의 기대치에 관한 식용적 판단을 내려야 한다.

심적 어휘 mental lexicon

한 사람의 머릿속에 있는 사전. 언어 또는 중요한 지식에 관한 어휘. '청각 어휘'는 발음과 의미와 더불어 음소와 단어 소리의 정신적 표현이다.

스트루프 간섭 Stroop interference

특정 과제의 의도적인 속성보다 자율적인 속성을 보기 위해 과제에 대한 반응 시간을 측정하는 것. 1935년에 이 현상을 처음 기술한 존 스트루프John Stroop의 이름을 붙였다. 파란색 잉크로 인쇄된 '빨강'이라는 단어를 보여주고 잉크의 색깔을 큰소리로 말하게 하면, 피험자는 제시한 단어와 일치하는 색깔을 물어보았을 때보다(초록색 잉크로 쓰여진 '초록'이라는 단어) 느리게 반응한다. 이러한 반응 시간의 지연을 '스트루프 간섭'이라고 부른다.

어휘성 lexicality

언어의 자소, 형태소, 단어, 어휘에 관련된 속성. 형태소는 언어에서 의미를 가지는 가장 작은 단위다. 어휘성은 무의미한 문자의 나열과는 달리 단어처럼 보이는 정도를 뜻한다.

유전자 gene

부모에게서 자손으로 전달되는 유전 단위로 후손의 특성을 결정한다. 전문 용어를 쓰자면, 염색체를 이루는 뉴클레오타이드의 나열을 가리킨다. 뉴클레오타이드의 배열 순서가 세포가 합성하는 핵산 분자의 서열과 폴리펩타이드(여러 개의 아미노산이 결합하여 연결된 화합물)를 결정한다.

음소 phonemes

언어에서 한 단어를 다른 단어와 구별하게 하는 개별적인 소리 단위. 또한 의미를 가진 최소 소리 단위를 말하기도 한다.

일란성 monozygotic

쌍둥이의. 하나의 난자에서 왔으므로 이론적으로 완전히 동일하다. 그러나 똑같이 출발하여 분열된 수정란이라도 후생유전적 영향과 무작위적 돌연변이가 있을 것이므로, 아무리 생김새와 행동이 같은 쌍둥이라도 완전히 똑같지는 않을 것이다.

위상 조직(망막위상, 음위상, 몸운동영역의 위상)
topic organization(retinotopic, tonotopic, somatotopic)

망막의 물리적 위치와 일차시각피질의 지도 사이에 순차적인 일대일 대응이 있다는 뜻. 헤쉴이랑의 청각 피질 역시 위상적으로 배열된다. 즉 신경이 주파수가 낮은 것에서 높은 것 순으로 배열되고, 또한 순서에 민감한 내이 유모세포의 속성을 흉내낸다. 신체의 일차 감각지도(S1, 중심후이랑)도 마찬가지로 호문쿨루스처럼 순차적으로 배열된다.

자소 graphemes
한 언어의 문자 체계에서 음소를 표시하는 최소의 변별적 단위로서의 문자 혹은 문자 결합.

점화 priming
암묵적 기억의 무의식적 형태로 하나의 자극에 노출되는 것이 다른 자극에 대한 지각이나 반응에 영향을 준다.

조건 학습 conditioned learning
연상 과정이 새로운 행동으로 이어진다는 이론. 가장 간단한 형태에서는 두 자극이 서로 연결되어 새로운 학습 반응을 생산한다.

주변 공간 peripersonal space
우리를 둘러싼 매우 가까운 공간—대개 팔을 뻗어 닿는 거리의 구체를 말한다—으로 그 안에서 우리는 사물 및 사람과 상호작용한다. 두정엽과 전두엽에서 서로 연결된 일단의 서로 연결된 지역에 의해 형성된다. 주변 공간은 신체 부위에 중심을 둔다(손, 머리, 몸통 중심).

침투도 penetrance
유전자, 또는 유전자 집합이 그 소유자의 표현형으로 발현되는 정도.

체화된 지각 embodied perception
세계에 대한 가정은 신체 구조에 내장된다. 따라서 물리적 신체를 가졌다는 사실이 불가피하게 지각에 영향을 미치는 과정, 그리고 운동 신경과 지각 시스템이 필수적인 물리적 환경에 자리잡았다는 이유로 발생하는 결과를 말한다.

투사 projection
고전적인 자기 방어 메커니즘의 하나. 자신의 소망이나 느낌을 다른 사람, 때로는 생명이 없는 물체에 무의식적으로 전달하는 것이다.

패러다임 전환 paradigm shift
어떤 것에 대한 일상적이고 널리 받아들여지던 사고방식이 완전히 바뀌는 시점을 말한다. 예를 들어 지구중심적 관점(천동설)이 태양중심적 관점(지동설)로 바뀐 것은 세계가 작용하는 방식에 대한 사회적 관점의 변화이다.

표현형 phenotype

환경과 유전자형의 상호작용 결과 겉으로 관찰할 수 있게 나타나는 생물의 특징. 갈색 눈, 회색 눈, 파란색 눈은 모두 눈 색깔의 다른 표현형이다.

항상성 homeostasis

안정적인 내부 환경을 유지하고자 하는 생명체의 성향. 항상성은 모든 감정의 토대가 된다.

후생유전 epigenetic

유전자 발현에 미치는 비유전자적 영향.

환시 photism

빛, 색, 형체에 대한 시각적 감각.

1장

1. 몇십 년 전만 해도 검사-재검사 결과의 높은 일관성은 "진정성 검증"으로 여겨졌다. 그러나 그 현상에 대해 배워나갈수록 이 방식의 문제점이 명백하게 드러났다. 이것이 과학의 방식이다. 질문에 대답하면 할수록 더 많은 질문이 제기된다.

2장

1. 진화생물학에서 '삼각소간(spandrel)'이라는 용어는 적응에 의해서가 아닌, 생물체의 적합도나 생존에 뚜렷한 이점이 없는 부산물로서 발생한 생물체의 특징을 일컫는다.

3장

1. 션 데이가 제시한 바에 따르면, 소위 감각형 공감각자들이 한 유발체에 대한 반응으로 두 가지 서로 다른 종류의 공감각을 경험할—예를 들어, 자소 → 색 공감각과 자소 → 공간적 위치 공감각을 동시에—가능성이 있다. 그 경험은 단일 공감각 지각과 비슷할 것이다.

4장

1. 먹는 것, 사는 곳, 만나는 사람, 자는 시간, 운동하는 방식 등 시간에 따라 여러 요인이 유전자에 화학적 변형을 일으킬 수 있다. 후생유전은 우리를 고유하게 만든다. 어떤 이는 금발이고 어떤 이는 빨간머리다. 어떤 이는 피부가 창백하고 어떤 이는 밤색이다. 어떤 이는 올리브나 가지를 싫어하고 어떤 이는 굴이나 회를 좋아한다. 어떤 이는 내성적이고 어떤 이는 사교적이다. 다양한 조합의 유전자를 끄고 켜는 방식이 독특한 차이를 만들어낸다.

후생유전을 영화 감독에 빗댄 유명한 비유가 있다. 한 사람의 평생이 한 편의 영화라면, 그것을 구성하는 세포 단위는 배우들이다. 각 배역의 연기를 지도하는 대본은 DNA이고, 대본의 단어들은 DNA의 구체적인 염기서열에 대응된다. 중요한 액션의 방향, 장면을 찍을 촬영 장소, 촬영 시간 등은 유전자다. 대본 제작 전체를 유전학이라고 한다면, 연출은 후생유전이다. 영화의 관점, 그리고 강조할 것과 버릴 것을 선택함으로써 같은 대본을 가지고도 감독이 달라지면 영화도 달라질 것이다.

2. 쌍둥이를 유전적으로 다르게 만드는-놀랍도록 비슷하지만 완전히 동일하지는 않은-새로운 돌연변이가 수정 당시 일어날 수 있다는 점에서 이는 완전히 진실은 아니니다.

5장

1. 야콥 폰 웩스쿨 Jakob Johann Baron von Uexkull 이 최초로 사용한 용어. 기호론자 토머스 A 세벅 Thomas A. Sebeok 에 의해 처음 널리 알려졌다.
2. 맛-시각 공감각자인 션 데이는 다른 의견을 내놓았다. 션은 자신의 집에서 직접 어둠 속의 식사를 실험했는데, "검은색 배경이 주의 집중을 방해하는 비공감각적인 시각 자극을 차단하는 데 도움이 됐다"라고 말했다.
3. https://www.kitchen-theory.com/portfolio-item/synaesthesia.

6장

1. 글루탐산 나트륨(MSG)은 다섯 번째 맛인 감칠맛을 완벽하게 표현한다. 나머지 네 가지 맛은 자당(단맛), 염화나트륨(짠맛), 구연산(신맛), 퀴닌(쓴맛)으로 가장 잘 표현된다.
2. http://www.changheelee.com/essence-in-space.html.
3. http://www.tastethetube.com.
4. https://www.linkedin.com/pulse/savory-subway-names-londons-underground-richard-cytowic.

7장

1. Sean A. Day, *Synesthetes: A Handbook*(Middletown, DE: CreateSpace, 2016), 77; Maureen Seaberg, *Tasting the Universe: People Who See Colors in Words and Rainbows in Symphonies*(Pompton Plains, NJ: New Page Books, 2011).
2. 림스키코르사코프는 조표의 색깔에 관해 표트르 일리치 차이콥스키, 그리고 아마도 클로드 드뷔시, 젊은 모리스 라벨과 논쟁을 벌였다.
3. See Seaberg, *Tasting the Universe*.
4. Richard Cytowic, *Synesthesia: A Union of the Senses*, 2nd ed.(Cambridge, MA: MIT Press, 2002), 208-312.
5. Mary Whiton Calkins, "Association," *Psychological Review* 1(1894): 454.
6. George Devereaux, "An Unusual Audio-Motor Synesthesia in an Adolescent," *Psychiatric Quarterly* 40, no. 3(1966): 459-471.

11장

1. 보조 색 영역이 존재한다. 그중 하나는 파장을 토대로 색을 계산하지 않는 V4와 다르게 빛의 파장에 좌우된다.
2. 더 정확히 말해, 세계에 대한 여러 고유한 매핑을 처리하는 별개의 뇌 영역은 각

구성 지역에서 일어나는 입력과 내부 연결의 복잡한 패턴, 그리고 이 계산 결과와 여러 출력의 연결에서 비롯된다. 이것은 분산 시스템인데, 다시 말해 특정 회로가 담당한 여러 복잡한 기능(시각, 청각, 기억, 감정)이 한 구역에 고정된 것이 아니라 회로 자체에서 특정 시간에 일어나는 지배적인 처리 과정에 존재한다는 뜻이다. 전송하고 수신하는 개별 지역의 수는 10~30개로 다양하며, 이는 단순한 연결 모델을 훨씬 넘어서는 기하급수적 복잡성을 일으킨다.

3.   1922년 12월 5일, 〈뉴욕 선 헤럴드〉, "조지아 오키프 양이 자기 작품의 주관적인 측면에 대해 설명한다"에서 인용.

4.   Anaïs Nin, *Seduction of the Minotaur*(Chicago: The Swallow Press), 124. The line in the novel reads, "Lillian was reminded of the Talmudic words: 'We do not see things as they are, we see them as we are.'"

5.   에드윈 랜드의 색깔 몬드리안 재현 장치. 본문과 다음 논문 참조. E. H. Land, "The Retinex Theory of Color Vision, *Scientific American* 237, no. 6(1977): 108128. Land's Retinex algorithms are used in modern digital cameras, including those in smartphones.

6.   The "watercolor effect." See text for details, and E. H. Land, "Recent Advances in Retinex Theory," in *Central and Peripheral Mechanisms of Color Vision*, ed. David Ottoson and Semir Zeki(New York: Springer, 1985), 5-17.

더 읽을거리

Bach-y-Rita, P. "Tactile sensory substitution studies." *Annals of the New York Academy of Sciences* 1013(2004): 83-91.

Breen, B. "Victorian occultism and the art of synesthesia." *Public Domain Review*. http://publicdomainreview.org/2014/03/19/victorian-occultism-and-the-art-of-synesthesia. Bessant was a British Theosophist noted for her book with C. W. Leadbeater, *Thought Forms*.

Cytowic, R. E. *Synesthesia: A union of the senses*. 2nd ed. Cambridge, MA.: MIT Press, 2002.

Cytowic, R. E. *The man who tasted shapes*. Rev. ed. Cambridge, MA: MIT Press, 2003.

Cytowic, R. E. "What percentage of your brain do you use?" TEDEd: Lessons Worth Sharing. 2014. http://youtu.be/5NubJ2ThK_U.

Cytowic, R. E., and D. Eagleman. *Wednesday is indigo blue: Discovering the brain of synesthesia*. Cambridge, MA: MIT Press, 2009.

Dann, K. T. *Bright colors falsely seen: Synaesthesia and the search for transcendental knowledge*. New Haven, CT: Yale University Press, 1998.

Day, S. *Synesthetes: A handbook*. Middletown, DE: CreateSpace, 2016.

Eagleman, D. The Synesthesia Battery. 2005-2017. http://synesthete.org.

Gautier, T. *Le club des hachichins: suivi de La pipe d'opium*. Paris: Fayard, 2011. Original publisher, Paris: La Presse, 1843. 《해시시클럽》(싸이북스, 2005)

Jewanski, J. "Colour and Music." In *The New Grove dictionary of music and musicians, 7th ed. London*: New Grove Dictionary of Music and Musicians, 2002.

Kuhn, T. S., and I. Hacking. *The structure of scientific revolutions*. 4th ed. Chicago: University of Chicago Press, 2012. Originally published 1962. 《과학혁명의 구조》(까치, 2013)

Luria, A. R. *The mind of a mnemonist; A little book about a vast memory*. New York: Basic Books, 1968. 《모든 것을 기억하는 남자》(갈라파고스, 2007)

Maren, A. J., C. T. Harston, and R. M. Pap. *Handbook of neural computing applications*. San Diego, CA: Academic Press, 2014.

Messiaen, O. *The technique of my musical language*. Trans. John Satterfield. Paris: A. Leduc, 1956. Originally published as Technique de mon langage musical, 2 vols., Paris, 1944.

Mukherjee, S. *The gene: An intimate history*. New York: Scribner, 2016. 《유전자의 내밀한 역사》(까치, 2017)

Ridley, M., *Genome: The autobiography of a species in 23 chapters*. London: 4th Estate, 1999. 《생명 설계도, 게놈: 23장에 담긴 인간의 자서전》(김영사, 2001. 반니, 2016)

Seaberg, M. A. *Tasting the universe: People who see colors in words and rainbows in symphonies: A spiritual and scientific exploration of synesthesia*. Pompton Plains, NJ: New Page Books, 2011.

Simner, J. Multisense Adaptable Synaesthesia Toolkit. https://www.syntoolkit .org/welcome.

Simner, J., and E. M. Hubbard. *The Oxford handbook of synesthesia*. 1st ed. Oxford: Oxford University Press, 2013.

Spence, C. *Gastrophysics: The new science of eating*. New York: Viking: 2017. 《왜 맛있을까》(어크로스, 2018)

Spence, C., and B. Piqueras-Fiszman. *The perfect meal: The multisensory science of food and dining*. Chichester, UK: John Wiley, 2014.

찾아보기

SYNESTHESIA